Part 1

組織團隊8法則

可複製的銷售鐵軍

外商實戰專家教你打造最強業務團隊的22條帶人法則

REPRODUCIBLE SALES TEAM

仲崇玉 著

目錄 Contents

Part 2
優化溝通4法則

法則2　抽象溝通具體化　143

法則3　遠離六種溝通陷阱　162

Part 3
強化業績7法則

Part 4 危機應對3法則

Recommended

帶出高效業務團隊的祕笈

孫路弘

我粗略統計了一下目前家中書架上的圖書總數，清點了兩次，得到的數目並不一致，一次是九八六七本，一次是九八五九本。這些都是我在過去十年間陸續買來的。

我買書有四個依據。

第一，根據選題購買。例如我曾經遇到好的選題，就有《偉大的貪婪》《最後的帝國》（*The Last Empire*）《大到不能倒》《金融之王》（*Lords of Finance*）等。這些都是與金融有關的。這類圖書，只要是翻譯引進的，又屬於熱門題材，我通常直接就買了。

第二，根據內容購買。例如《管理百年》（*The Management Century*）《影響力》《情感經濟學》《打開史金納的箱子》等。這些書的內容都是比較有系統性的，有些更是十分經典，出版後還多次再版。這類書的選擇比較難，需要多參考其他讀者的評價，以及翻閱書的目錄來大致瞭解書的內容。

第三，根據作者購買。例如彼得．杜拉克和菲力浦．科特勒的任何作品都可以購買。而各位讀者眼前這本仲崇玉老師的作品：《可複製的銷售鐵軍》，就是這樣的一本書。僅僅憑藉這位作者，你就應該購買。憑藉作者就可以決定購買的圖書一般有三個特點：一、作者是業內資深人士；二、作者長期堅持寫作，中間沒有長時間的間斷；三、作者的職業生涯從基層開始，漸漸爬升到高階管理職。

第四，一些流行作品、文藝作品，或歷史題材的著作等。這裡就不一一介紹了。

這本《可複製的銷售鐵軍》確實是本只憑藉作者本人的經歷，就可以決定購買的書。不用翻閱目錄，也不用推敲內容是否適合實戰。作者從業二十年，從最基層到業內高層，帶過幾十個業務團隊，帶過的業務銷售代表更是上千人。去過中國國內大大小小的醫院，接觸過各種類型的藥品，幾乎沒有任何盲點。

透過不斷累積而提煉出的作品，才是真知灼見。從二十個年頭中隨手採摘集結出二十二條鐵律，供讀者也能走出這樣一條職業成長的道路。

書中盡是線索和指南。二十二個章節配有二十二場情景再現，生動反映一線銷售人員與經理的對話，揭示了話語背後的想法。每段對話都能讓讀者腦海中閃現出每天日常管理工作的情景，結合作者的精闢分析，讓人豁然開朗，並可以立刻應用於工作當中。

書中盡是精華和碩果。二十二個章節共有九十四個業務團隊管理便利貼，這些建議具體、實用，如能透徹理解並運用後，三天就可以見到初步效果。

本書盡顯作者寫作的誠意與實在。二十二條法則就是二十二個行動建議，充分展現作者的真誠，將自己工作累積中真正有效的做法寫得明明白白，讓讀者容易理解，並能夠落實。

（本文作者為中國行銷及銷售行為專家、高級行銷顧問。兼具豐富的行銷、銷售經驗，對國際化的行銷、銷售行為理論有著自己獨到的研究和見解。）

Preface

四個問題，更新對業務團隊管理認知

本書初稿是在二〇一〇年完成的。時隔九年，只需抬眼看看手邊的手機，以及使用手機的方式，就知道世界變化有多快了。那麼對於業務團隊管理的認知和實踐，會有一些修正或新的補充嗎？

前兩天面試一位業務銷售經理。在面試通知上有一條補充說明，告訴他面試時可能會問到的四個問題，方便他提前準備。這四個問題是：

第一，日常工作中，你會向團隊提哪些問題？

第二，團隊會向你提哪些問題？

第三，除了業績目標，你對團隊的要求是什麼？

第四，向老闆彙報的時候，有哪幾個重點？

這四個問題，都是日常管理的一部分。在面試中討論這些問題，實際上就是還原業務團隊管理的情境而已，應該不難理解。為什麼提前告知對方呢？因為在以往的面試中，我們發現還是有很多人會緊張。為了不影響面試者的臨場發揮，我們提前告訴對方，這樣他們可能會準備得充分一些。

事實證明，這個面試通知的補充也是徒勞的。

正式見面的時候，寒暄之餘會問對方一聲：「通知都收到了吧？問題也收到了吧？」這是當然的。於是，請他以那四個問題為主，簡單介紹一下自己。對方有些措手不及，心想為什麼要圍繞那四個問題做自我介紹？難道不是從工作經歷來介紹自己嗎？每個人的經歷，難道沒有清晰地烙在他的日常反應當中嗎？按照一個人的工作經歷去瞭解一個人，和從實際情境中去瞭解一個人，不都是可以的嗎？面試業務銷售經理有很多方法，而從管理情境中去評估，不是更加直接嗎？

從對方被我的問題問到發愣的反應當中，我察覺到對方無意識的「習慣」。

於是我們先從第一個問題來看：日常工作中，你向團隊提哪些問題？

面試者列舉一些問題，那些問題顯然是從各種教育訓練得來的。於是，我們開始釐清：「這些是每天固定提問，還是偶爾提的？是對業績差的人提的，還是都可以提？對這些問題的答案，你覺得有用還是沒用？你相信還是不信？如果你自己來回答，你有怎樣的體驗？」

事實上，他不提問，起碼沒有「日常」問題。

再看第二個問題：團隊會向你提哪些問題？

這時他突然意識到自己準備不足，乾脆放棄了冠冕堂皇的回答，他答得非常務實：「我的團隊其實不提問，他們只是要資源，因為他們都是老手。」

團隊不提問說明什麼？團隊不是一開始就不提問的，也不是沒有問題，他們不提問的原因是什麼？這關係到管理者有沒有帶來附加價值，是要深入思考的現象。

後面的討論越來越簡單。

第三問：除了業績目標，你對團隊的要求是什麼？無非是結果加過程，如果不可兼得，以結果為主。

第四問：向老闆彙報的時候，有哪幾個要點？彙報以數字為主，雖然老闆已經知道業績。其餘的是一些要嘛已經發生、要嘛還沒發生的行動。總之，彙報事實和資料，有什麼不對嗎？

業務團隊管理無關對錯，而在於是否明確。這四個問題是開啟業務銷售管理的行為和思維的出入口；這四個管理情境，就像一面面鏡子，讓面試者變得更加鮮活、更加立體，讓我們對彼此的評估都變得容易。

除了業績，還能如何判斷業務銷售經理的管理水準呢？這是面試官要回答的問題，也是業務銷售經理的自我提問。這和我們所列舉的四個問題有什麼關係呢？其實有不小的關係。向團隊的提問，其實反映管理者的注意力結構。為了提升業績，團隊應該把注意力放在哪裡？注意力直接放在業績上行不行？不行。問問進銷存，問本月還有多少銷售業績，固然很直接，但是也讓人抓狂、讓人挫敗。再說，這麼提問很難嗎？哪位銷售經理做不到呢？只是本能而已，算不上管理水準。

日常可以問的問題有：你的客戶中有多少人會主動找你，和昨天相比有沒有變化？客戶當中，有多少人可以說得上話？有沒有改變？類似這樣的問題，會激發團隊去注意自己值得讓別人主動找的理由，並有意識地去增加這樣的理由；這樣的提問，也可以引發團隊留意客戶與自己的關聯，有意建立這樣的關聯。這樣一點點地努力，最終會把公司的優勢轉化成客戶的價值。

團隊的提問，直接指向我們平時的管理風格。團隊提問的方向有兩個：探討可能性，關閉可能性。前者，帶來更多的市場洞察；後者，帶來更多的心安理得。無論哪一種，都是管理者自己教會的。

對團隊的要求，既不是結果，也不是過程。結果由公司來決定，過程由團隊來決定，業務銷售經理需要在這兩者之間決定。這個要求要讓團隊有事做，並且會做，做了有意義，也有意思，多做能帶來更多信心，這樣的要求才算是結果和過程之間的連接，也是管理者的價值。

向上司彙報，展現了平時管理的重心，例如過去這段時間你改變了什麼？有哪些亮點？有什麼發現？因此有什麼結論？像是未來的成長機會，所以你提議做些什麼？亦即做出決定，決定接下來的行動。

身為下屬，我們的職責是帶來可能性，而不是打擊對方的信心。

這四個問題，不是修正，也不是補充，而是對本書的再提煉。這四個問題，就像是一個禮品的包裝。拆開包裝，等待你的，應該是更多的驚喜。

Introduction

打造高效業務團隊的22條黃金法則

業務銷售經理是一家公司的重要樞紐，公司的領導力、戰略最終都將展現在業務銷售經理身上。公司的戰略要靠業務銷售經理來「改編」成日常管理法則，從而促成公司和客戶之間的有效互動；客戶的第一手回饋資訊要靠業務銷售經理來收集，並在內部順利傳遞到「中樞」，從而對策略進行微調甚至更大的調整。因此，任何忽視業務銷售經理培訓的做法都必然使公司付出難以衡量但短期內難以察覺的代價。

也許你是一個在一線奮鬥的業務，無論是希望將來做到業務銷售經理，還是希望能和業務銷售經理更有效地合作的讀者，都可以從這套法則中找到有效溝通的切入點。

也許你剛榮升業務銷售經理，喜悅還沒從眉梢退去。因為當上業務銷售經理的瞬間是那麼讓人興奮，且有機會可以管理新的團隊。經理意味著擁有過問和獎懲的權力。可是，當過業務銷售經理的人或多或少都體會過這個職位的無奈和力不從心。如果不能採用新的方式開始你的業務銷售管理工作，跳出這個周期還是很有難度的。更多的經理會同意這樣的觀點：權力的獲得需要一個過程，一紙任命書是造就不了主管「大權在握」的美妙感覺的。而這個過程，實際上就是回答三個問題的過程：業務銷售經理**管誰？管什麼？怎麼管？**而這些都貫穿在接下來「22條法則」的探討當中。

也許你是一位資深經理人，早已習慣業務銷售經理的日常忙碌，也「看透」了管理理論以及各種培訓的局限。在你腦中，預算、指標、業績，與上級以及客戶的關係填滿了每天的管理日程，任何不實在的花樣都引不了你的關注。你相信談判或討價還價才是一切，不管是和內部的老闆還是外部的客戶。有了更多的管理經驗之後，你會同意這樣的觀點：當業務銷售經理只會務實不懂務虛的時候，他的事業也就差不多到頭了，失去在這個職位上那份最為珍貴的想像力，剩下的無非是為保住目前的地位，而做的無休止的努力。因此，任何一個希望更有效管理業務銷售經理的高階經理人，都可以從這「22條法則」中找到與業務銷售經理有效互動的「技巧」。

你可能會問，為什麼是22條法則？其實只是因為碰巧而已。如果一定要找個原因的話，就是我深信一個卓越的一線管理者，一定會建立一整套的行為習慣。有人統計，要養成一個新習慣，通常要把一個動作重複二十一天，到了第二十二天就會成為自然。

管理，本來就要做到自然而然，不著痕跡。既然這裡講到管理的法則，而且要形成習慣，那是不是暗示看了本書之後，所有業務銷售經理的行為都應該是一致的？當然不會。這和開車是相同道理，基本的操作雖然有相似性，可是開車的風格、對路況的判斷和處理就會有所不同。管理是更複雜的操作，其中的基本法則當然不會少。我從日常管理中提煉出的22條法則，只不過揭示了管理的一小部分而已。儘管如此，如果能夠稍加留意，勤加練習，必然會日益精進，漸入佳境。

另外，請讀者在閱讀時，不要帶著尋找「標準答案」的念頭，也不必相信一線管理有什麼唯一正確的答案。隨著閱讀的繼續，你可能會發現，那些常常被自己「視而不見」的管理法則被一個個描述出來。你可以對照日常工作中這些管理法則的實際發生過程，反覆比較甚至爭論。不知不覺中，你的團隊就會發生變化，這就是習慣養成的力量。

Part 1

組織團隊8法則

法則 1

認清「我是誰」

業務銷售經理必須認清自己的角色，經理就是經理，不是團隊成員的父母，也不是兄弟姊妹。如果角色不完整或者錯位，將很難獲得持續的信任。

身為一家世界五百強跨國醫藥企業的地區業務銷售經理，傑克的發展在外人看來還算不錯。他在這家公司已經工作八年，從醫藥代表開始，三年後晉升為高級醫藥代表。一年後，因為法令問題，他的頂頭上司離開公司。如此一來，他面前突然出現一個地區業務銷售經理職位。如今，他在這個職位上已經做了四年多。

這四年對傑克來說可謂順風順水：業績不錯，新來的業務銷售總監也還認可自己；團隊成員都是他親自招募的，大家相處很融洽；雖然沒有再次獲得晉升，但是薪資年年漲，獎金連連升，公司的培訓機會沒有一個錯過，該得的都得了。不過，問題就在這個時候悄然來襲。

在二〇一一年年初招標時，傑克負責的產品雖然得標，但是價格下調了不少。由此帶來的內部政策調整，讓一切都變得不再輕鬆，團隊成員都有一種「好日子到頭了」的感覺。從業績目標到行銷費用以及獎勵制度，無一不進行調整。尤其是到了月底那幾天，大家都特別焦慮。傑克整個人更變得不耐煩，團隊裡一點點小事都讓他火大。明知這個狀態不妥，卻無從排解。他也知道，所謂政策調整根本就不是理由，因為屬於同一個業務銷售總監管理，同城的另一個地區業務銷售經理彼得的團隊業績就比自己好。

傑克看了一些教導如何消除緊張情緒的書，把公司以前的課程講義又翻了一遍，也沒有派上什麼用場。誰也不知道這種狀態還會維持多久。無法完成業績目標帶來的將是一連串影響。靜心回想，其實以前也有這種感覺，只是「痛」得比較輕，偶有感覺也很容易淡忘，畢竟有銷售業績擺在那。現在，「痛感」變得明顯了，除了暗示自己要積極，還能怎麼辦？這樣的日子還要熬多久？傑克想到可以求助自己的企業教練……

我的立場是什麼

業務團隊管理便利貼

立場不是技巧，雖然有時候表現得像技巧；立場也不是阿Q式的自我安慰，雖然能讓人從容鎮定。明確立場可以為業務銷售管理指明方向，也可以為進步提供動力。

要成為卓越的業務銷售經理，首要條件就是**得到團隊成員的信任**。為此，業務銷售經理需要構建自己的立場，需要明確**「我是誰」「我想做什麼」**以及**「我有什麼」**等問題，並與團隊成員達成共識。

那麼，什麼是立場？管理和立場有什麼關係？為什麼要構建立場？如果不清楚這些，就看看自己是否常常處於以下這些情況：

★常常糾結，舉棋不定。

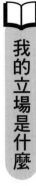

★時常無奈，左右為難。

★出於好心辦事，卻常常事與願違。

★尊重別人，反被當作怯懦可欺；而稍顯辭色，他們就離你而去。

★對上據理力爭，卻被誤以為在討價還價；遵從「旨意」，又被評說缺少主張。

★客戶見多了，被認為管得過細；剛想授權，又被批評輔導不力。

以上這些狀況都涉及立場問題。

要明白什麼是立場，可以先搞清楚什麼不是立場。立場不是技巧，雖然有時候表現得像技巧；立場也不是阿Q式的自我安慰，雖然能讓人從容鎮定；立場不對的時候，會出現一系列「症狀」，總體來說，就是心裡感覺不自在，例如混亂、不安、無奈、焦慮、無力等。

立場和心態有些像。要明白自己的立場，還要回答自己是誰以及想做什麼，對這兩個問題的回答，也必須與自己所擁有的能力和資源相匹配。

誰最需要立場？在什麼時候需要立場？誰都需要，隨時隨地。例如對一個企業教練而言，他不是要顛覆自己已有的知識和技能，也不是要刻意創造一個讓人不安的新概念，而是要揭示一個司空見慣卻很少被人留意，而一旦被留意就可以指導人做得更好的規律。你不必急著接受這個規律，因為不斷質疑和探討才會更接近它的本質，才能更瞭解它的力量，這才是一個教練的立場。

我是誰

業務團隊管理便利貼

公司晉升了你，就是把管理團隊的責任交給了你，所以你就是團隊。你必須以團隊之心為心，你是團隊裡唯一負全責的人。

身為團隊的「最高長官」，開會時端坐中央，走路時前呼後擁，爭論時不容置辯……真是顧盼有神，意氣風發。然而，當團隊感到困惑時，你的明確性在哪裡？當團隊遇到困難時，你的身影在哪裡？當團隊成功時，你的感謝在哪裡？人前人後，話裡話外，言行的一致性在哪裡？自己認為自己是誰並不重要，關鍵是別人認為你是誰。

沒有人會質疑，銷售人一旦成為業務銷售經理，就意味擁有了「權力」，可以發號施令了。慢慢地，一些「管理」習慣就此形成：或無所顧忌，品頭論足；或殺伐決斷，意氣風發；或蜻蜓點水，做甩手掌櫃；或事無巨細，成為模範員工。

大衛是我以前的同事。短短幾年間，他從成功的銷售人一路晉升為業務銷售經理。現在管理一個十多人的團隊，月銷售額近五百萬元。雖然常常感到壓力較大，但也不時得到上級表揚，現在他早已習慣自己的新角色。在最近的一次研討會上，他問了一個我經常聽到的問題：「為什麼現在的銷售人不如從前了呢？」

這是一個問題呢，還是只是一種感覺？我回應大衛：「為什麼這麼問呢？」他果然列舉好幾個銷售人不努力、不在乎、不上進的例子。於是我再問：「你信任他們嗎？或者，他們信任你嗎？」因為不管團隊多大、業績多大，都離不開這個問題。其實真正的問題是：「你信任自己嗎？」如果不確定，說明你還沒有完全承擔起自己的角色。

這時，坐在旁邊的蜜雪兒接了話：「我和大衛的情況不一樣，但是也遇到信任問題。」她繼續說，「我倒是把團隊成員當成如自己的孩子一樣，鼓勵他們的每一個進步，時刻愛護他們。甚至如果他們離職去了更好的公司，我也替他們高興。可是，他們為我考慮了嗎？我竟然總是團隊裡最後一個知道誰要跳槽的。」

如果說大衛的問題是沒有完全承擔起自己的角色，蜜雪兒的問題則是角色錯位。經理就是經理，不是團隊成員的父母，也不是兄弟姐妹。原因很簡單，因為本來就不是。在不完整和錯位的角色裡，很難獲得持續的信任。

身為業務銷售經理，還有幾種情況，可以更「苛刻」地檢視自己承擔角色的程度：

★你有沒有在團隊中抱怨過公司的制度？

★有沒有在任何團隊成員面前抱怨過自己的老闆？

★有沒有在團隊裡談論過其他不在場的團隊成員？

★團隊成員在你面前會不會談論他們的「違規」行為？

★有沒有暗示過自己對某件事的無能為力？

對於上述幾種情況，回答「是」的越多，你對自身角色認定的完整性就越小。我們靜下來想另一個問題：你能被升為業務銷售經理，是因為什麼？是功勞大，業績好；是時間長，經驗多；還是個人魅力不可抗拒？或者，不去計較你被升遷的原因，只論公司對你升遷後的期望是什麼？

不管因為什麼原因升你，公司都是把管理團隊的責任交給你，所以你就是團隊。你必須以團隊之心為心，你是團隊裡唯一負全責的人。

我想做什麼

▼業務團隊管理便利貼

業務銷售經理就是要把那些界限模糊、職責不清的事，把重要且困難的事，把團隊方向性的事，放在優先位置。這些事情出現時，就是團隊最需要銷售經理的時候。

當了業務銷售經理，最強烈的需要之一就是得到團隊認可。當然，讓人意識到自己在團隊中的位置，似乎並不難。

你會不知不覺地發現自己處於團隊的中心位置。自己那些不怎麼幽默也不怎麼好笑的笑話，都會引起一次次開懷大笑；不見得高明的見解也會受到追捧，引發別人的思考；無意中提及的經歷和學歷，也都證明自己能坐上這個位置是理所當然的。

是的，你的一舉一動都在不停發出信號。當你沉迷於引起周圍注意的同時，不妨問問自己：當初做銷售人時，什麼時候最需要注意到業務銷售經理的存在？一定不是時時處處都需要經理的存在吧？現在，自己成為業務銷售經理，應該知道什麼時候要挺身而出、什麼時候要悄然隱身了吧。

業務銷售經理就是要把那些界限模糊、職責不清的事，把重要且困難的事，把團隊方向性的事，放在優先位置。這些事情出現時，就是團隊最需要業務銷售經理的時候。

很多業務銷售經理一方面需要團隊成員把自己當領導者，另一方面又真心希望像當初做銷售人時一樣，被團隊接納。所謂「時位移人」，你真的不是原來的你了。

看那廟裡的佛像，自在地高坐在位子上，那就是祂的位置。沒有座位的佛，躺在角落裡就不是佛了。佛有一個有形的架子，業務銷售經理則有一個無形的架子。從你成為業務銷售經理的那一刻起，你就有了這個架子，這個架子讓你從此不同。

高明的領導者永遠都是有架子的。擺架子，不等於裝腔作勢。看看周圍那些有領導力的人，哪一個不會擺架子？那些得到「不擺架子」評語的人可能最會擺架子！

我要管什麼

▼業務團隊管理便利貼

要管自己，自己是團隊最昂貴的資源；要管同級，那是團隊成員參照的對象；要管目標客戶的類型和分布，那關係到資源配置；要管團隊，如何看待他們本身就是很大的力量；要「管」上司，那是重要的資源和力量來源。

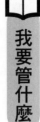

你本人是團隊的一員嗎？如果是，你怎麼管理自己？你的角色權力是用來顯示你的至高無上，還是用來整合資源，從而使總體遠大於各個部分之和？

◆要管自己

你是團隊裡最昂貴的資源，也可能是業績最大的阻力。真正的原因不在你本身，而是你「在其位」。**管理自己最重要的力量是自律**。業務銷售經理的權力在於被管理者的腦中，而不只是在經理的職位上。也就是說，你的權力，需要團隊去相信其存在，「信」則靈。管理自己的方式就是**讓自己值得「信」**。

值得「信」需要兩個基本條件：一是**人品**，二是**能力**。有人品沒能力，是濫好人，不足信；有能力沒人品，是壞人，也不足信。每個人每天都在詮釋自己的人品和能力，只是清晰程度不同而已。經常有人炫耀自己與某某高層之間的關係，不過是希望在能力方面獲得加分，只是想走捷徑而已。

◆要管同級

也許你完全不同意這一點，但你的同級在做什麼以及擁有什麼資源，的確都是你和團隊成員應該參照的對象。如果團隊裡有人告訴你，其他團隊獲得什麼特別資源，獲得哪些特殊榮譽，或者搶占更多市場，你假裝什麼都不知道是沒用的。只有拓寬視野、敢於比較、超越同級，才能真正提高團隊成員的自豪感。管理同級的力量來自公司內部的資訊源，以及橫向的溝通和合作。

◆要管目標客戶的類型和分布

哪些客戶貢獻多？哪些客戶貢獻少？為什麼？目前的資源配置是怎樣的？有什麼調整的餘地？首先要弄清目標客戶的界定，並辨別出哪些客戶是真正重要的。在這些問題上，無論計較到什麼程度，都不為過。

◆要管團隊

他們是誰？他們擁有什麼你沒有的優勢？用嶄新的眼光重新認識他們吧！

要避免從一開始就跳進團隊指手畫腳；不要認為只有自己的方式才是唯一正確的，即使你認為這是自己得到升遷的原因。管理團隊的第一天就要接受一點：**不一樣的，不等於是錯的**。如何看待你的團隊成員這件事本身，就可以成為很大的力量。你覺得他們資歷淺，只知道偷懶，他們就會是那樣；你認為他們敬業且專業，他們就會是這樣。**欣賞是管理的力量來源之一**。

多年前，在一次閒聊時，我曾問一位業務銷售經理：「平常讀些什麼書？」「讀書？哪有時間讀書？再說，我習慣從實踐中學習，我不怎麼讀書的。有人讀書，有人讀人；我懶得讀書，我把更多時間用在和人聊天上。很多人都好為人師。有時候，同一本書會有三、四個人提到，而每人的重點都有所不同。」這段話我至今仍記憶猶新，也在瞬間改變我對一個人的看法。

除了欣賞，我們還發現，同樣的政策，同樣的條件，產生的業績卻不同，這是為什麼？這種相互比較，是激發管理力量的另一重要來源，這是一種橫向的力量，是對業務銷售經理角色力量的重要補充。

◆要管上司

自己的上司，是業務銷售經理重要的資源和力量來源，也是業務銷售經理的重要客戶。身為為業務銷售經理管理成果買單的人，我們需要定期交付自己的管理成果：業績、報告和信心。

一位後來做到高位的老同事坦言，如果自己能早些知道如何「管」上司，那麼在每個位置上的力量不知道會多出多少倍。

務實更要務虛

▼業務團隊管理便利貼

不要太高估實在的東西，也千萬不要忽略「虛」的內容。虛實結合，引領團隊達到不同的高度，才是團隊真正需要的。

業務銷售經理最容易忽視「務虛」的重要性，一聽到類似「戰略」這樣的詞就頭暈，認為只有預算、指標、市場、產品這些看得見、摸得著的東西才是務實。當一個人的腦裡塞滿這些「實在貨」時，留下的空間就少了，想像力就弱了，因此也就危險了。

我每天都與一線客戶和銷售人打交道，發現很多業務銷售經理最容易走進「物化」的世界。有句話最適合描述這個心境：「別扯那些沒用的。」

那麼，什麼是有用的、實在的？「錢！能不能加點？業績！能不能少點？市場！能不能多圈點？贊助名額！能不能再加幾個？再有，名額可以少點，能不能換點費用？能不能加錢不加人？」「不談事業，談工作！」「不談發展，談加薪！」

會議上，當你大講新贈品、新資料的使用方法時，那些業績不錯的資深老代表會表現出不屑一顧的態度：「給什麼贈品，關鍵還是錢。」「給錢不合規定？人家不都給嗎？」你當初也是他們當中的一員，在這樣的氛圍當中，裝點你門面的那點遮羞布乾脆被扯了下來，徹底「和群眾打成一片」。當業務銷售經理徹底和「群眾打成一片」時，角色的力量也就所剩無幾。

有些業務銷售經理發現，很難用那些「虛」的話題來觸動團隊情感，所以乾脆「做回自己」，放棄在那些話題上浪費時間。你可以假想一下，把你心目中最神奇、最厲害的管理者放在業務銷售經理的位置上，他的表現和你會有差別嗎？這個差別最可能展現在什麼地方？

多年前，有兩個非常積極進取的地區經理甲和乙，向同一個大區經理彙報。他們都想獲得升遷。甲的辦法是取上司而代之，因為這樣更直接容易；乙的辦法是取道市場行銷，繞道而行。甲和乙都拚命做業績，因為這是獲得升遷的本錢。甲的意圖明顯，與上司發生激烈對抗，最後，因為大區經理的財務問題意外勝出；乙呢，業績不錯，休閒時間加強英語和行銷方面的學習，在會議和平時的溝通中逐漸獲得行銷總監注意，在大區經理出局的當口，乙被調到市場部任產品經理。

掌握「實權」的甲雷厲風行，在區經理位子上不斷突破，業績提升很快，後來被升為全國業務銷售經理。而乙在當時公認為「務虛」的行銷部門，全面接觸了行銷的理論和實踐，實現了從對業務銷售與行銷的「知其然」到「知其所以然」的跨越，竟成了管理好幾個全國業務銷售經理的高層主管。

甲與乙，務實務虛，一目了然。公平與否，看誰在判斷；務實務虛，孰優孰劣，不要忙著下結論，假以時日，高下可判。

一個人心裡被很多實在的東西填滿，就大大壓縮了移動的空間，從而會失去最可貴的想像力。一個沒有想像力的業務銷售經理，就像折斷翅膀的鳥，飛不高也飛不遠。看看現實當中，那些處於金字塔不同層面的人，是不是越往上，工作中務虛的成分越多？你是不是也曾譏笑過那些務虛的高層？是不是還懷疑過他們務實的能力？

看看一件商品，最值錢的是原物料、做工、設計，還是品牌？最實在的是原物料和做工，可是最便宜的往往也是那部分。比較製造，那些標準最虛，可是做標準是不是比做產品更賺錢？品牌是最虛無縹緲的，可是品牌是不是很值錢？

不要高估那些實在的東西，也不要低估工作中那些務虛的成分。既能與團隊成員產生共鳴，又能引領團隊到達不同的高度，這才是團隊真正需要的。

法則2

團隊品質由你決定

使命就是你這個團隊渴望達到的結果。你希望擁有什麼樣的團隊，就要去設計並逐步把你想要的團隊創造出來。這個過程是漫長的。

傑克最近聽到一個有趣的比喻，內容說的是人力資源範疇，將職場人形容成「騎馬，牽牛，趕豬，打狗」。人品好能力強的，是團隊裡的千里馬，要騎著他；人品好但能力弱的，是老黃牛，要牽著他；人品和能力皆平常的，就是「豬」，要趕走他；人品差但能力強的，那是「狗」，要打擊他。

乍一聽這個比喻，心裡的某個位置像是被擊中般，覺得很有道理。好像團隊裡除了新人以外，每個人都能獲得其中某個標籤。既然有了標籤，對待他們的態度也就明顯了。再往深一想，又覺得不妥。第一，這個標籤能公開嗎？不能。因為，所謂能力和人品，都沒有統一標準，或者說每個人心中都有一個標準。

第二，標籤背後的動作也難以把握，怎麼騎馬？怎麼牽牛？怎麼打狗？還有那個「豬」，誰能保證今天的豬，明天就不會變成別的？真要趕走？第三，我在老闆心裡又會是什麼？

傑克的教練告訴他要愛自己的團隊。可是，「愛」是需要條件的。有心，一定有力？有心，也有力，就真的會使力？

「高溫」環境有助鍛鍊三大素質

▼業務團隊管理便利貼

要找到優秀的銷售人，就要學會創造一種類似「高溫」的環境，讓面試者的「慣性思維」自然顯現。

有人會根據銷售經驗、以往業績、學歷與專業，甚至個性測試等條件選拔銷售人員，這不無道理。不過，沒有人單單根據這些就做出決定，所有這些素質還必須能夠展現在以下三方面，即主動性（Proactiveness）、同理心（Empathy）以及復原力（Resilience）。

主動性。客戶永遠都有自己忙碌的日程，沒有專門留給銷售人的時段。主動，並不意味著硬著頭皮、厚著臉皮在客戶那裡死纏爛打。主動的人不安於現狀，永遠處於一種操之在我的狀態，有一種不斷尋求打破現有格局的思維和行為模式。沒有主動性，銷售人注定會一事無成。

同理心。如果總是把心思放在自己的業績和獎金的計算上，就無法真正傾聽和觀察客戶的想法。同理心也是一種思維習慣。不瞭解客戶的想法，卻又希望客戶大量購買自己的產品，必然會面臨重重障礙。不能同理，即無法設身處瞭解客戶的人，只能不斷猜測客戶需求。在猜測的基礎上使用自己的資源，效果當然不會多好。

復原力。銷售人注定要面對很多次客戶的拒絕。正是這麼多的拒絕，才能激發銷售人學習、銷售的能力。有人說，沒有拒絕，就成不了一個偉大的銷售人。然而，並非每個人都能集中處理那麼多拒絕。沒有很好的心理韌性，銷售人就很難從上一次拒絕中復原，而不能復原就容易影響下一個新的銷售周期。

老和尚與小和尚下山。在一條小河前遇到一個求助的女子，在小和尚正猶豫的時候，老和尚已經背著那女人蹚過了河。過河之後二人繼續趕路。走了好久，小和尚實在忍不住，問老和尚：「我們是和尚，可是你剛才背著一個女人，這樣做合適嗎？」老和尚答道：「怎麼？我早已把她放下了，你還在背著嗎？」

優秀的銷售人正如老和尚一般，會在意客戶的反應，卻不會把拒絕當包袱，影響到下一個業務銷售行為。有復原力的人，並非不知道痛，而是痛了之後知道怎麼處理，從而很快恢復常態。被主管或完成目標的壓力，逼著拜訪新客戶是一回事，自願自發拜訪新客戶又是另一回事。例如，很多銷售人都知道拜訪重要客戶的意義，可是實際做起來無法駕輕就熟。所以，尋找復原力這一點對面試官也是一個考驗。

如果直接詢問面試者「有沒有」自己要找的素質，對方一般會直接回答「有或沒有」。問題是，這樣的回答，你不會馬上就相信，還會進一步問好多問題來印證。可是，問什麼才能讓答案自動顯現呢？人在壓力或困境狀態下通常來不及假裝，那時流露出的往往就是固有的心智模式，面試官需要仔細分辨，看看這個固有模式是不是你要尋找的那種。當然，有人會爭辯說，訓練有素的人是可以做到改變固有心智模式的。果真如此，這樣的人瞭解客戶還會困難嗎？這麼訓練有素的人，不正是一個不錯的選擇嗎？

固有的心智模式就是一種慣性思維，是不加修飾、自然顯露的思維方式。例如，遇到高溫物體突然縮手，遇到危險雙手護頭就是人類累積下來的一種自我保護反應。除非經過特殊訓練，否則人的這種自然反應很難改變。那麼，人在什麼樣的情況下才會「自然」地顯示出自己的慣性思維呢？這就需要面試官創造出一種類似「高溫」的環境，讓面試者的「慣性思維」自然顯現。

既然面試實際上是在尋找一種慣性思維，那麼就能解釋為什麼有多種面試方法了。有人主張壓力面試，有人主張順其自然，有人講究多輪多人，有人講究早期介入甚至試用，即「遛馬不相馬」。諸葛亮在識人方法上也有值得學習之處，如「問之以是非，窮之以辭辯，諮之以計謀，告之以禍難」（向對方提出大是大非的問題，和他辯論一個問題把他辯得沒話說而激怒他，向對方提出各方面的問題讓他思考相應的計策，把災禍劫難告訴他）；更有甚者：「醉之以酒，臨之以利，期之以事」（向對方勸酒，投其所好以小恩小惠引誘對方，與對方商定某事看對方是否做到）。這些都不是臨時準備就能蒙混過關的，在這樣的情況下，應試者或多或少都會顯露自己的思維和行為習慣。

讓與團隊離心離德的人離開

▼業務團隊管理便利貼

如果想讓一個人離開，最好能給出坦蕩真實的理由，這非常有利於團隊的管理。永遠記住，讓一個人離開的著眼點不是那個具體要離開的人，而是管理團隊的整體氛圍。人事無小事。凡涉及人事的決定，不要匆忙下結論，可以慢半拍，減少決策失誤。

要管理一個團隊，除非有特殊情況，不然一定會讓一部分人離開。應該離開的人，可能有各種原因，但一定是與團隊離心離德的人。

一個團隊如果表現得不好，一定是團隊領導者的問題。讓某些人離開，正是團隊管理者用行動傳達的信號，是負起責任的標誌，是重要的管理行為。

應該離開的員工，是選擇不著痕跡地自行辭職，還是選擇被強行終止合作關係，是銷售經理領導力的一面鏡子。現實工作中，選擇兩個極端的人不多，大多數人會選擇協議離開，因為這樣對雙方都比較得體。協議的辦法很多，但也無非「法、理、情」三字。

無論是自主離職，還是被要求離開，都是管理行為。每個管理行為都應該有清晰的目標可以衡量。當業務銷售經理要求一個人離開時，他給出的理由與內心的理由是否一致？**越是能夠坦蕩地給出真實的理由，領導力往往就越強，對團隊的管理也越有利**。畢竟，讓一個人離開的著眼點不是那個具體要離開的人，而是管理團隊的整體氛圍。

曾經看到很多人被要求離開，理由各種各樣，例如「與團隊文化不相容」「業績差」「違規」等，可是這些理由的背後到底是什麼？與其讓人猜測，不如將其當成一次團隊溝通的最佳時機。

溝通的目的只有一個，即弄清楚「我需要什麼樣的團隊」。依據這個標準，如果團隊裡大多數人都該離開，真相往往是自己這個銷售經理才最應該離開。還是應該記住那句話，「沒有不合格的團隊，只有不合格的領導」。

「順我者昌，逆我者亡」式的領導，得到的只是表面順從，在強調個性的新生代員工群體裡，遲早是要得到明確回饋的。被團隊拋棄比被老闆拋棄更可怕。所以，對銷售經理來說，人事無小事。凡涉及人事的決定，不要匆忙下結論，可以慢半拍，減少決策失誤。

如果業務銷售經理在團隊當中建立的原則很明確，違背原則的員工通常會遭到周圍人的側目，這就是平常所謂的團隊氛圍。這種氛圍的影響力夠大，那些應該離開的員工就會悄悄地走；這種氛圍的力量不夠大，才需要外力介入。

外力介入無非就是動用三個工具：**法律**（如勞動法規）、**公司規定**和**人情**。法律無情，怎麼規定怎麼做，沒有道理可講。處理這類案例，法律是首先要參照的。其次，公司的規定，包括公司處理類似情況的先例，都可以作為處理人事問題的依據，但一定是在法律框架內進行的。所謂人情，是指考慮員工個人的具體情況，例如服務年限、工作業績及其他貢獻等，適度調整處理方案。這也是展現公司價值觀的重要時刻，讓其他員工看到公司人性化的一面。

不管是自行離開，還是被要求離開的員工，團隊都應該為他們建立檔案留存，並定期找各種機會繼續保持聯繫。這不光是學習團隊管理的有效途徑，也是在傳達一個信念，即離開的人不是因為他們不夠優秀，只是不適合當時的管理情境。麥肯錫把每個離開的人都當作「校友」，就是在表達同樣意思。久而久之，這些「校友」所組成的網路，必然會成為公司和個人互相支持的一個重要平臺。

警惕破壞團隊氛圍的人

業務團隊管理便利貼

對於業績雖好，但是破壞了團隊整體氣氛，並且威脅到正常管理秩序的銷售人，業務銷售經理要能忍痛割捨。

最近有個面試者對我說，離開前一家公司最直接的原因是，她發現那裡的上司「不需要業績」。她和這樣不要業績的經理無法共事，所以選擇離開。

之後，我碰巧有機會見到這位面試者口中「不需要業績」的業務銷售經理，也證實那位面試者「業績不錯」的說法。「既然如此，為什麼讓她走？她違反紀律了嗎？」我直言不諱地問。他回答得也很乾脆：「她業績的確不錯，也沒有違反團隊紀律，可她在這，團隊的整體業績會減少。」這位經理的判斷未必正確，但所追求的目標一定是對的——不是追求每個團隊成員的業績，而是追求整體業績。

除了追求團隊的整體業績外，業務銷售經理還會極力避免威脅自己正常管理的所有情況。所以，當一個團隊成員的行為會破壞團隊整體氣氛時，即使他有很好的業績，也是註定要離開的。

業績成就感與職位安全感，是業務銷售經理相輔相成的兩大需要。業績好了，通常更有安全感，而安全的管理環境有助獲得良好的業績。這就像利潤和市場占比，市場領導者的地位有助進一步獲得利潤，而高利潤又有助獲得更多的市場占比。失去任何一方，另一方都將不復存在。

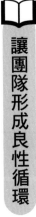

讓團隊形成良性循環

業務團隊管理便利貼

要讓團隊成員知道上司不只是需要業績，不要單憑業績吃飯。有計畫、瞭解客戶、合理利用資源才是根本之道。

有人透過與上司建立關係獲得更多資源，從而實現更好的業績。可是想讓上司撥出更多資源，只靠討好是不夠的。最重要的是，能否善用資源創造更高的業績。要讓上司相信你，就需要有好的計畫；想有好的計畫，就需要瞭解你的客戶；而瞭解你的客戶，就需要整個團隊都這麼做；希望團隊做得到，就需要對團隊投入持續的注意力和資源。這就是良性循環。

可是，很多業務銷售經理忘了自己要的是什麼。當看到某位業務銷售經理換掉不聽話的員工，親近聽話的員工；推開個性不同的，拉近臭味相投的，你就知道，他已經丟掉了目標。相反，也有團隊成員以為上司無非是要業績，就只管給他業績，自以為憑業績吃飯是鐵打的真理，不理會管理那一套，業績以外的建議聽不進去，嫌麻煩。到頭來，直到自己莫名其妙地離開了團隊，還在憤憤不平。

培養團隊有效分類習慣

業務團隊管理便利貼

對於任何希望管好的事情，都要進行有效分類。有效分類，才能有效選擇；有效選擇，才能對自己的精力和資源進行有效分配。

什麼樣的客戶優先得到資源？什麼樣的活動可以率先啟動？哪些同事需要你投入更多注意力？什麼樣的業績指標必須確保達成？哪條團隊紀律需要先強調？什麼資訊需要你第一時間知道？你喜歡看到什麼樣的行為？

對於任何你希望管理好的事，都要進行有效分類。有效分類，才能有效選擇；有效選擇，才能對自己的精力和資源進行有效分配。例如客戶管理對業務銷售經理來說至關重要，那麼把客戶進行有效分類，就是至關重要的。客戶分類的方法很多，常見且簡單有效的方法是用客戶潛力和客戶對你產品的認可程度，把客戶分為四類。對你的產品的認可程度，也可以在同類產品中客戶使用你的產品的比例來呈現。這四類的重要性次序為：

★ 潛力大，比例高的。
★ 潛力大，比例低的。
★ 潛力小，比例高的。
★ 潛力和比例都低的。

除非有特別原因，如果你把資源按照不同的次序分類，有效性可能會大打折扣。當然，同一個公司同一個團隊的「潛力」和「比例」的定義必須明確統一。

法則3

對團隊的要求統一明確

業務銷售經理應該提出什麼要求？

要求業務取得業績，有壓力沒方法；要求具體活動，有活動沒方法。

兩者有一個共同點，就是都容易降低團隊的信心。

終於向上司彙報完九月份讓人失望的業績，傑克幾天來的鬱悶也暫時畫上句號。可是剛剛在彙報中承諾的十月份業績目標，又啟動一個新的壓力循環。國慶長假之後，傑克的管理開始細化。他不但要求天天彙報銷量，對銷售活動的細節也毫不放鬆。團隊成員開始表現出煩躁，有的忍不住問：「你究竟是要結果還是要過程？」傑克的思路非常簡單：當然要結果，可是他等不到月底就要知道業績，所以也要過程。

當過程與結果衝突時，誰都知道選擇結果，所以還是結果說了算。可是九月份的結果實在讓人失望。九月份可是考核周期的最後一個月，每到這種關鍵的月份，如三月、六月和十二月，銷量都是不錯的，這次意外對傑克的管理是一個挑戰。他開始全力以赴：採取過程、結果「兩手抓」的方針。高壓手段一個接一個，一定要把業績拉到既定軌道上來。

憑著傑克的威望和豐富的經驗，銷售業績的確有了起色，十月份開局很不錯，雖然有一個長假，但是長假後第一周的結果還是讓他第一次感到了一絲安慰，覺得自己的努力沒有白費。可是這時，團隊成員已經苦不堪言，只是嘴上不說而已。幾個關係不錯的同事在一起聊天的時候，總是說現在很害怕回公司，業績不好沒有藉口，說什麼都不對；過程出錯，無話可說；過程對了，結果沒出來，就非要說執行力有問題，不夠細緻。所以怎麼都不對，不知什麼是對的。不按照要求去做固然不對，明明按照要求去做了，還是不對。

十一月初，一個員工提了辭職。來得好快。誰會是下一個？可是，除了做這樣的努力，傑克還能怎樣？

找出關鍵的驅動業績因子

業務團隊管理便利貼

有效的要求處在過程之後、結果之前。業務銷售經理不能要求團隊做不在他們掌控之中的事，必須給出具體目標及實現方法。

很多人混淆了目標與結果，以為目標就是結果。可是結果不可控，目標可控。不要要求團隊去做不在他們控制之中的事，這也是一線管理的目標。

有人追求結果，但在結果出來之前缺乏有效而即時的干預，所以當最終結果不讓人滿意時，說什麼都遲了；有人追求過程，這樣一來，銷售過程當中的一切都是自己知道和同意的，所以當結果不盡如人意的時候，就很難要求團隊再解釋什麼；有人兩者都要干預，於是連自己都很困惑，況且時間也很有限。這就像左右手互搏，忙得不亦樂乎，自己卻很難自圓其說。

「老練」的業務銷售經理有時會裝糊塗。目標分配完畢，資源配置已定後，平常並不提出對過程的要求，只是定期要求預測結果；或者，確定一個行為轉變的客戶數量，然後定期回顧實際轉變的客戶數量。這兩種管理，看似具體實在，其實都一樣：只問結果不問過程。

亞歷士現在是一家美國大公司的培訓經理，經驗豐富。做過業務銷售代表、業務銷售經理、產品經理，在圈子裡屬於非常注重學術推廣那類的管理人。所謂學術推廣，不光是指內容學術性強，活動形式也要選擇那些健康、嚴肅、與主題相匹配的。這麼注重過程的人，最近在溝通中卻完全走向另一個極端，變得事事追求起結果來。一個銷售活動，他會問能帶來多少銷售額；就連一場培訓，他也會問能帶來多少銷售額。

不管是什麼原因成就了他的「老練」，但如果這樣問他：「你公司上個月的銷售額是誰帶來的？是什麼活動帶來的？」他又該怎麼回答呢？

要求結果沒有錯。可是對於業務銷售經理來說，這遠遠不夠。業務銷售經理**必須給出目標，同時還要給出方法**。反過來，在過程方面提要求也沒錯，可是要求過程又會限制團隊的創造性，抑制團隊的活力或個性。

有效的要求可能既不是對過程的要求，也不是對結果的要求，而是處在過程之後、結果之前。這就是所謂的「關鍵業績指標」（KPI），也可以稱為目標。有人說，過程之後當然就是結果，而結果之前就是過程，難道過程和結果之間還有什麼空間？如果沒有其他選項，管理就要簡單得多，那管理還有什麼奧妙可言？如果沒有奧妙，那為什麼每個人的管理又是如此不同？

例如，為了將一份保險賣給某公司的總經理，銷售人需要做很多銷售活動，這些銷售活動就是過程，包括準備、拜訪、拜訪的次數、頻率、場合和時機，以及拜訪過程中的應對等；結果就是客戶最終選了他的產品，簽了合約，付了款。

身為這名銷售人的經理，你可以對銷售過程中的任何環節提出要求，也可以對最後的結果，例如簽約時間、銷售數額、付款辦法等提出要求。你還可以對過程和結果的「中間地帶」提出要求，例如掌握客戶的個人、家庭、教育及職業等四個方面的背景資料。掌握客戶的背景資訊，有助於方便地和客戶溝通產品的細節，以便對方更快地做出購買與否的決定。如果你還有疑慮，看看那些已經簽約的客戶和沒有簽約的客戶，銷售人對何者的背景資訊掌握得更多？

統一要求，不留模糊地帶

▼業務團隊管理便利貼

不事先公布要求，別人達到了自己的要求卻不承認，這都不是合格的業務銷售經理。對業務銷售經理基本的要求是必須統一要求，不留模糊地帶。

團隊的一個重要標誌就是**語言統一**。如果公司已經有了明確規定，只要照做就行。如果還有模糊之處，就要形成自己團隊的語言，尤其在業績溝通方面，業績好就是業績好，業績不好就是業績不好。一定要標準統一，沒有爭論。

定義並統一團隊的業績，並不難做到，但難以做到的是統一要求。做到要求卻達不到結果，獎金是得不到的；而達到結果卻不符合要求，老闆又會不高興。這讓整個團隊很是抓狂。

業務銷售經理比較「占便宜」的做法是，不事先公布自己的要求，「到時候再說」，這樣就可以隨心所欲地評價別人卻不傷及自己。但這是不合格的業務銷售經理。業務銷售經理比較「不講理」的做法，是別人達到了自己的要求卻不認帳，原因是最終的結果還是沒有達到。這也是不合格的業務銷售經理。

說到底，不合格其實也不是問題，問題是不承認也不接受，哪怕偷偷接受也是好的；更大的問題是根本就沒有意識到。也就是說，一個人不會做什麼不要緊，壓根就不知道自己不會才可怕。

明確了要求，團隊也做到了，可最後還是沒有達到目標，就要學會承擔這個結果。統一要求，不留模糊地帶是對業務銷售經理的基本要求。

銷售人和行銷人要隨時隨地掌握如下幾個問題：

★目標客戶的數量是多少？

★其中使用你產品的目標客戶數量是多少？

★人均使用量是多少？

★使用或不使用你的產品的理由都有哪些？

★過去三十天裡，你對目標客戶投入了什麼資源？是如何投入的？

接下來三十天，你準備為目標客戶投入什麼資源？如何投入？仔細審視這幾個問題，你會發現以下幾個特點：（1）完全以客戶為中心；（2）既非針對結果，又非針對過程；（3）以發現並解決問題為導向；（4）自主選擇做事方式；（5）沒有任何藉口可以說不知道；（6）不是完成任務式的，而是隨時隨地、動態持續的。

在紙上列出對團隊的要求。評估每個要求的完整性和明確程度，並在團隊中求證這些要求的認知度、接受度和重視程度。

要求和資源一定要匹配

▼業務團隊管理便利貼

業務銷售經理提出明確的要求後，要保障在時間以及其他資源的配置上都有相應的展現。不能出現「要馬兒跑，卻不讓馬兒吃草」的情況。

你要求的也一定是重要的，重要的就要保證其資源配置。不然，一旦士氣低迷就會讓你的要求變得蒼白無力。

對團隊提出明確要求之後，唯一能夠證明這個要求的重要性的，就是是否有足夠資源配置。業務銷售經理要求的任何事情，都應該在時間以及其他資源的配置上得到相應的展現。不能出現「要馬兒跑，卻不讓馬兒吃草」的情況。有些業務銷售經理會抱怨銷售成長不夠快。但很少考慮他們的費用分配可能會不一樣。明白這種不同也許會對銷售成長起到一定作用。

如果你要求團隊客戶至上，自己卻不肯拿出一些時間來討論客戶、拜訪客戶，那麼「客戶至上」就只是掛在牆上的一個口號；如果你要求團隊多多學習，就要肯為他們爭取培訓資源和學習的機會，並檢視他們學習的進度；如果你要求團隊對公司忠誠，那麼對那些在公司時間已久的同事，就要在資源配置上展現出這種傾斜。要求什麼，不是你說了就算的，還要配置相應的資源去強化這個要求的重要性。

法則 4

授權，但不授責

身為業務銷售經理，不管你善不善於授權，有一個想法是永遠都不要有的，就是轉嫁壓力和風險給自己的團隊。

傑克做業務銷售管理也有四年時間了，他無數次嘗試過授權，可這又談何容易。有人說，授權就是眼睜睜看著別人把你擅長的事情搞糟的過程。的確，一次次地從頭開始教，一次次地收拾爛攤子，總算教出一個讓人放心的，卻又走了。

情境領導課程，傑克上了兩次，可是真到授權的時候又怎一個無奈了得。就拿團隊輔導來說吧，為了鍛鍊團隊裡的骨幹，他提拔幾個銷售輔導員，以老帶新，建構團隊的梯次感。結果，沒兩天輔導員就來抱怨「沒有名分」「說話沒人聽」。傑克於是出面找成員談話，做深度溝通工作，讓他們接受輔導。

再過兩周，輔導員又問為什麼沒有輔導獎金。想想也是，人家多做了工作，是應該有獎金的。可是獎金不只是獎勵「苦勞」，更是獎勵「功勞」的，這些輔導員才剛剛開始，怎麼界定「功勞」呢？再說，授權給他們不是也提高他們的競爭力嗎？這種鍛鍊的機會沒有激勵作用嗎？如果是當初的自己……唉，傑克不禁感嘆。既然如此，還是收回授權吧，可不授權就對了嗎？

授權不是恩賜

業務團隊管理便利貼

團隊是自我的延伸，業務銷售經理要懂得如何將權力授予團隊成員。授權不是恩賜，恰當的授權能取得整體大於部分之和的效果。

身為業務銷售經理，不存在要不要授權的問題，重要的是**授權的方式和節奏**。完全不授權，你就是超級業務銷售代表，而且只是一個人。只有授權才能展現出你身為經理的價值。

不授權，就相當於劍客棄劍不用，遇敵徒手相搏；駕駛，雖心急如焚，卻徒步而行；領導，讓團隊「閒置」，看自己累到半死。

在有效授權之前，要觀察團隊成員的狀態，針對不同狀態，授權的方式和內容都不同。有哪些狀態可供參考？總體來說是兩個因素的綜合：一是**能力**，二是**意願**。這兩個因素都和成員在團隊的時間長短有一定關聯。一般而言，隨著服務年限增加，意願漸減，能力漸長，當然這也不是絕對的。

授權，是為了取得整體大於部分之和的效果，授權也是管理團隊成員意願和能力的有效工具。但是不要把授權當成恩賜，**授權更是一個銷售的過程，即把需要完成的工作，銷售給團隊成員**。

根據團隊的特色授權

▼業務團隊管理便利貼

業務銷售經理要瞭解自己的團隊成員，按照他們的具體特點來授權，這樣的授權才是有效的。

簡單來看，員工有新老之分，業績有好壞之別。從態度上來看，有的迎合你，有的不迎合；有的勤勉，有的不勤勉；有的充滿激情，有的缺乏激情。從知識層面來看，有的懂，有的不懂；有的瞭解客戶，有的不瞭解；有的瞭解產品，有的不求甚解。從能力上來看，有的能和大客戶打交道，有的只能和一般客戶深入溝通；有的只能進行表面的對話，而有的連對話的機會都找不到。

如果問業務銷售經理：你擁有的資源是什麼？相信很多人都會回答：「團隊」。如果你也是這樣回答，那麼再思考這幾個問題：你最看重團隊的什麼？是他們的體力還是智力？是他們的知識、技能還是態度？如果你碰巧回答了態度，那具體指什麼樣的態度？是聽話還是勤奮？是進取還是激情？

經常聽到一些年輕朋友抱怨自己的主管：「把那些簡單沒人做的工作扔給我們，還美其名曰授權。」這樣的效果，我相信一定是那些授權的主管始料未及的。

依工作性質決定授權人選

▼業務團隊管理便利貼

授權是一個極其個性化的活動，不同性質、不同內容、不同難易度的工作要授給不同的人。

工作都有哪些？從外部來看，無非就是促銷活動、學術活動以及客戶拜訪；從內部來看，無非就是開會、資料處理培訓以及一些檔案管理工作。團隊當中有戰略性的工作，如決定市場分配、資源配置及人員分配的，決定重要客戶的數量和比例的，決定長短期活動資源配置的；也有戰術性的工作，如活動的時間地點和活動前後的工作安排、人員的招募和培訓、周會議題的內容策劃及籌備。

「你最近在忙什麼？」你有多少次被別人這樣問過？每次的回答都不會太認真，對吧？如果你認真一次，回答的內容可能是什麼？

業務銷售經理的日常工作有**內部**和**外部**之分。先說外部，包括重要客戶拜訪、和供應商會談、和業務銷售活動的相關方接洽等。內部活動更多，包括分配市場、資源、指標以及重要機會；銷售預測、業績回顧以及行動方案制定；各種內部會議；團隊的選、用、育、留以及相關活動；客戶檔案、往來郵件以及財務檔案的處理等。

有什麼事是可以讓團隊來承擔的嗎？當然很多。從相對簡單的開始，例如有人可以幫助輔導新人嗎？有人可以安排活動場地嗎？有人可以說明組織周會或整理會議記錄嗎？也有相對複雜的工作，例如制定客戶分類的標準以及對各類客戶結構進行分析；分析銷售業績與市場投入之間的關係；參與並協調跨團隊活動……。這些都是相對較複雜的活動，需要委派有經驗的人去完成。

每份工作都有其獨特意義，業務銷售經理是賦予這些工作意義的不二人選。業務銷售經理需要傳達出這些工作的意義，激起團隊成員勇於承擔的意願。每份工作對每個人的意義都不同，所以授權其實是一個極其個性化的活動。

授權不是分權

▼業務團隊管理便利貼

同一個人，面對不同的事情，需要謹慎地選擇不同的授權層級。有的直接交代就行了，有的需要一起商量，有的對方則完全可以自行決定。

授權不是分權，分權要分責，但是**授權是不授責的**，所以最終的責任還在自己。不會授權的領導人是無用的領導人，或者說根本就沒有不授權的領導人，因為不授權最終也當不了領導人。當然授錯權的領導人也是要被追究的。所以，要用心仔細地將工作分配給有相應能力和態度的同事。**授權的目標是同時提高團隊的效率和信心，任何不符合這個目標的授權都需要重新考慮。**

評估授權，就是要看授權之後整個團隊的效率和信心是不是在提高。有人堅持不授權，原因是認為被授權者勝任不了，與其花時間去教，還不如自己做來得更快更好；有人堅持授權，把責任也一塊授了，常見原因是用人不疑。可是，這兩個「堅持」都不能提高團隊的信心，也談不上提高效率。

從給出指令，參與商量，到參與決策，再到完全決定，這就是授權的節奏，但是這個節奏要因人因時因事而異。同一件事，交給不同狀態的人，方式也不同。有的可以直接給指令，不用解釋；有的可以讓他參與商談，但是不能讓他做決定；有的既可以參與商談，又要做出決定；有的還可以「先斬後奏」，達到完全授權的層級。

匹配錯了，被授權的人不是因為感到困難重重而產生挫敗感；就是感覺被輕視，被當成「廉價」勞動力，大材小用。

放權並非放任

業務團隊管理便利貼

不要在信任和授權這些事情上困惑。過問不等於不信任，放權也不是放任。所以，大膽放權，嚴格檢視，兩者缺一不可。

如何讓團隊成員知道授權並積極配合？一旦出錯如何糾正？如何確保執行過程中資訊的流暢？每個人在這個過程中的角色和職責各是什麼？

有不少人都有過這樣的心思：「既然把工作委派給我了，就等最後結果出來再談，為什麼在過程中還要橫加干涉呢？」授權之後，責任還在。授權的意思就是，做好了是對方的功勞，做不好是自己的責任。因此，授權之後，需要有充分的資訊回饋，從而瞭解事情的進展以及遇到的阻力，以便適時干預，保證授權的效果。以醫藥業為例。醫藥業的業績很特殊，尤其是處方藥產品，往往要到每月中旬才能瞭解上個月的醫院銷售情況。這時，當月的活動已經在火熱進行中，即使想依據上個月的銷售情況調整銷售活動，也只能是下個月的事了。

目標給出去了，活動計畫也討論了，批准了，團隊於是得到授權。沒有有效的評估措施，授權的效果將會大打折扣。前面說到業績的延遲效應，就充分說明依賴最終結果來評估計畫的執行效果很有限，等到發現結果不理想時，所有的資源已按照計畫使用了，沒有挽回餘地。

建立清晰有效的授權評估機制，需要做到以下兩點：

第一，不要只制定最終的目標，還要有階段性的目標。例如藥品進入醫院藥房，病人才能使用，銷售才會發生。進醫院之前的階段性目標可以是列出關鍵決策者，弄清決策流程以及其他特殊批准的途徑，瞭解決策者對自己產品的認知情況，瞭解關鍵決策人，制訂活動計畫等。

第二，制定進度回顧時間表以及回顧的形式。依據委派工作的性質和複雜程度，制訂每天、每周、每月，甚至每個季的定期回顧計畫。做到提前干預，確保授權的結果。

容易出錯的事恰恰要授權

▼業務團隊管理便利貼

設定目標和重要性次序是業務銷售經理的重要職責，無論如何不能假手他人。但該授權的地方還是要授權。自己喜歡、容易出錯、打擦邊球的事情都不是不授權的理由。善於授權的領導者才不會管得過細。

設定目標和事情的重要性次序，是一個團隊的領導人無論如何也不能假手他人的事。別人當然可以參與，但做決定一定是業務銷售經理的職責。

身為業務銷售經理，你總有不能授權的東西。什麼不能授權？有人說：「我喜歡做的，不想授權，因為這能展現我的價值。」也有人說：「重要、複雜而且難以掌握的工作不能授權，出了錯不得了。」還有人說：「那些打擦邊球的事不能授權，有些灰色地帶，藏著還來不及呢。」

對自己喜歡的工作不想授權，能這麼承認的人不多，但是下意識這麼做，並且樂此不疲的人可不少。要認清自己的角色是什麼，什麼角色要做什麼事，只有這樣才能保證團隊的有效性。

容易出錯的事，恰恰是授權的理由。因為這些授權的活動，不僅鍛鍊了自己，也鍛鍊了團隊。況且，授權不等於不管。在商場裡買東西也會討價還價，當你還價太兇的時候，銷售人員就會說他們做不了主，要請示主管。當然不排除這是一種談判技巧，即便如此也還是透露其背後的假設，即只有主管才擁有打折權力。有的企業主曾以海底撈火鍋的老闆張勇為例，說最難學習的是他的授權，例如海底撈火鍋的服務生都有打折權。

所謂擦邊球的事，也不能成為不授權的理由。不合法不合規的事情誰也不該做；你能做的，團隊就應該也有人能做，只要有人能做，從技術上來說，授權就有可能。會這麼說，是因為我很反對領導人管得太細，因為管得細未必就是管得好。況且你管得那麼細，讓你的直接下屬做什麼？管得細其實是侵占下屬自主創新的空間，而且這樣的管理太累，以至沒有時間去管真正該管的東西。

具體而細節的東西，正是區分卓越領導者和普通領導者的分水嶺。所以，想成為出色的業務銷售經理人，就必須在具體細節上下足功夫。你也許會問：這不是和上面的觀點衝突嗎？這裡的區分就在「能不能」與「做不做」。如果你不瞭解細節，也就不能管理細節。如果你能掌握細節，卻不在每個細節上事必躬親；同時，間或過問一下，每每一語中的，直指要害，才能顯示出你的實力。

抓細節關鍵在於抓什麼樣的細節，並非每個細節都能決定成敗。區分出什麼樣的細節才是該抓的，並一抓到底，不要受任何事情或觀點影響。那到底什麼東西不能授權？當然是**責任**。什麼直接展現責任？就是設定目標以及目標的重要性次序。這是不是說業務銷售經理只要做兩件事，即設定團隊目標及其重要性次序？當然不是，不是還有授權嗎？

列出最近得到的授權以及自己對團隊同事的授權活動，總結一下這些授權活動是如何發生的。對於自己得到的授權，是受到了激勵，還是相反？

法則 5

抓「例外」，帶「常規」

突發的事情總讓我們頭痛，不管是天災還是人禍。先應對疼痛，再痛定思痛，把例外管理變成常規預防和常規應對步驟。

傑克討厭救火的感覺，剛忙完一家醫院因為「總量控制」而要求降低採購的問題；沒隔幾天，另一家醫院又說某一個產品用得太多，突然要叫停。一波未平一波又起，本來順順當當的一家大醫院開發案件，又在不知道的某個小環節上卡住了……日子就在這種隔三岔五的「救火」當中快速流逝。不過嘴上雖然抱怨，其實心裡若隱若現的優越感還是存在的，畢竟，這展現了自己在團隊中的價值。

有個同事的父親生病，需要請假回老家三個星期。她婉轉地表示不希望自己的市場交給別人管，擔心回來的時候就收不回來了。可是時間這麼久，市場不可能沒有人打理。這三個星期，說長不長、說短不短，能想到的辦法並不多。把市場交給其他同事？目標、預算、活動等怎麼分？獎金怎麼算？再說他們自己手上也是滿滿的。把市場留給自己？那萬一還有其他事情怎麼辦？畢竟，團隊裡有十二個人呢。再招募一個臨時的業務銷售代表？可是等人招到了，同事都休假回來了。

傑克畢竟是傑克，總有辦法的。過去多少緊急的事情不都妥善處理了嗎？這就是自己存在的價值，不是嗎？

挑出「日常」中的「常規」

業務團隊管理便利貼

日常管理中，要把常規的事情盡量交給潛意識，形成思維定式。這將會極大提高業務銷售經理的管理效率。

很多人覺得自己總是很忙，卻很難界定自己的貢獻。推薦兩個慣常但實用的辦法：一是**樹立典型**，二是**建立常規**。「管兩頭，帶中間」是千古不變的道理。找出最好的二〇%，揪出墊底的一〇%，處於這兩者之間的人貢獻就最大，正是他們節省了大量的管理時間和管理成本；建立常規是把常規事情流程化，這樣一來就使授權變得很容易。而你自己可以去管一些邊界不清的、只有你或在你的位置才能做成的事。

凡事一旦擁有確定的處理常式，就都是常規的事，甚至可預見的風險也屬於常規之列。就像人體情緒激動就會心跳加快，遇到風險本能地逃避，都屬於常規反應之列。常規的事情最大的好處就是**省心**、**省事**、**效率高**。

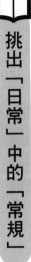

日常管理者面對的大部分工作都是常規的事情。依據這個常規，所有的事情最終都會完成，例如申請和報銷費用、活動計畫的申請和落實、招募和解雇流程、升職加薪的申請和審批流程、客戶檔案的建立和維護流程，還有內部的資訊流向流程等。

有的業務銷售經理還建立每天和團隊成員溝通的習慣，這也是一種常規。如果和團隊成員日常溝通的內容中有每天必然重複的部分，那麼這些內容也是常規內容。

藥物副作用報告，應當說是可預見的風險，也應當是醫藥銷售團隊日常管理的常規之一。面對這些問題的發生，食品藥物監管局有明確的流程來管理，所以一旦發生，只要按照規定流程處理就可以了。

以人體為例。人在跑步之後，呼吸和心跳自然加快；隨著體內熱量的產生，不等大腦發出指令，汗腺自動開啟，開始散熱。預見強光，眼睛自動瞇起；突遇過冷過熱，馬上縮手，根本就是下意識反應，無須思考，這都是身體的智慧。給日常管理的啟示就是把常規的事情盡量交給潛意識，形成思維定式。將會給一線管理效率帶來極大提升。

找出「常規」但不屬於「日常」的事

業務團隊管理便利貼

有些日常管理不屬於日常事務，但是會定期發生，也屬常規範疇。這些事情往往很重要，要提前做好充分準備。

周會是每周發生的事情，不屬於日常事務，但是很有規律，每周都有。每個月的業績檢視，雖非日常，也很規律，一旦資料收齊，便可分析業績，找出優劣。每季度都發生的事情當數區域計畫以及獎金計算了。為了總結過去一個季度的得失，確定下一季度的活動，可能會召開周期會議。有年中評估嗎？公司開年度大會嗎？開表彰會嗎？加薪嗎？這些都不是日常事務，但是都很有規律，也都屬於常規事務。

不是日常管理但定期發生的事情，也屬常規範疇。指出這一點有什麼意義？因為那些不是每天都有，但是是定期發生的常規事情，往往都很重要，例如周會、月會、周期會、年中評估或年終評估、公司年會等。這麼重要的事情，需要充分準備嗎？答案是不言而喻的。

可是，事到臨頭，很多人都會發現自己準備不足，為什麼？原因很多，其中一個原因就是**沒有把這些事情當成常規事務去管理**。

如果年初就知道年底會有年終評估，你會不會記錄團隊成員的每一個進步？會不會記錄他們承諾的行為改變和因此發生的變化？如果仔細記錄這些重要的改變，會不會在年底做評估的時候更具體、更有效？當然會。現實是，年終評估的時候，對下屬的評價想多寫一句都難，而且總是泛泛而談，如同跑流程。這樣的評估如何能贏得團隊的重視和信心呢？

既然年初就知道公司年會上總是有經驗分享的環節，那為什麼不在年初就在團隊裡寫出腳本，讓每個團隊成員用整整一年的時間去演繹自己的故事呢？主動創造故事，總好過臨時編就的，甚至是「隨機應變」的經驗吧？

如果很早就知道下一個周期會上要討論業績成長問題，為什麼不現在就開始布局，開拓一些新的成長點呢？例如挪出一部分錢去開發新客戶、新市場，為下一個投入計畫打下一個成長的基礎，爆發出新的活力。

列出可能發生的「例外」

業務團隊管理便利貼

知曉可能發生的「例外」，是防止並及時處理好這些事情的前提。業務銷售經理的憂患意識就展現在這些動作當中。

行銷活動中的意外、意外的降價、計畫之外的缺貨、團隊成員懷孕需要休產假、高績效成員離職、公司業務模式調整但方向不明朗、客戶職位調整等，都可能是例外事件。

也許一家公司有例外事件的處理流程，包括活動中的意外、缺貨、休假、高流動率、架構調整等，可是對業務銷售經理來說，這些事情還是有可能會打破日常管理的節奏。

當這些例外事件發生時，團隊中有明確指定的人去處理嗎？如果沒有，那麼一線管理者就是理所當然的管理者，不是直接處理，就是協調其他團隊成員共同處理。

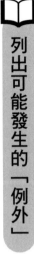

例外和常規並非涇渭分明，業務銷售經理要掌握的恰恰是這兩者之間的平衡。當業績平穩看似無可挑剔的時候，就需要發揮業務銷售經理「找碴」的能力，找出那些業績出奇好或出奇差的產品、區域、人員和客戶類別等。因為這些「例外」之處可能蘊藏成長的「苗頭」。從團隊整體來看，哪些產品表現最好？哪些最差？這個差別在每個團隊成員眼裡，有沒有什麼不一致？要留意那些相反的情形，看看發生在誰的區域裡。

這個團隊所覆蓋的市場區域裡，哪裡表現好？哪裡差？和以往相比有什麼異同之處？所謂市場區域可以是地域上的，例如不同城市、不同行政區縣等；也可以是不同的客戶單位，例如不同規模和級別的醫院、不同專科、科室等。

也可以站在整個團隊的角度，看看不同類型客戶的表現，哪些類型的客戶表現好？哪些不好？在不同的銷售人眼裡，這些客戶類型的表現又有什麼不同？客戶類型可以簡單劃分為重點和非重點，又或者按新老客戶來區分。

這樣反覆進行比較，可能抓住一個最核心的例外，從而找到一個曲徑通幽、柳暗花明的新境地。

將「例外」事件程序化

業務團隊管理便利貼

對於那些模糊的、界限不清的、沒有固定流程的，或是可能發生但尚未發生的事情，業務銷售經理要使其流程化，讓這些事情變得可控、可授權。

與之對應，如果一個團隊有太多緊急、意料之外的事，就要著力制定應對方案，讓團隊在遇到類似事情的時候有綱可循，自行處理。

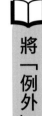

丙吉問牛的故事，是常規管理和例外管理的典範。

西漢丞相丙吉帶著隨從到各地巡視。在街頭看見一群人打架，雖然場面異常慘烈，他卻視而不見，從容走過。待行至田間，見一頭牛喘個不停，急忙趨前察看，並向周圍勞作的農夫仔細詢問。隨從不解：難道人不如牛？丙吉解釋說，並非人不如牛。街頭鬥毆是地方官的管理範圍，有固定的處理程序，我若管理就是越俎代庖了；而田間牛喘可能是瘟疫前兆，這是可能影響春耕這種國計民生的大事，而且目前沒有明確的管理程序，這不正屬於我應該管理的範圍嗎？

業務銷售經理就是要處理那些模糊的、界限不清的、沒有固定流程的，或是可能發生但尚未發生的事情。要讓這些事情變得可控，就為團隊確立處理的原則，甚至將其流程化，變得可授權，這樣可以節省很多精力。也許在這一切解決之後，新的情況又會出現，於是新一輪的「常規化」行動又會開始。幾番下來，你的團隊就會進入不同的狀態。現在，選定你自己的下一個「例外」，著手把它變成常規吧。

法則 6

輔導團隊不等於糾錯

像模像樣的銷售輔導往往只針對新業務銷售代表，或者業績差的業務銷售代表。那些做了三到五年甚至更長時間且業績尚過得去的銷售人，很少得到實質性的銷售輔導。其中一個原因就是輔導者「我比你強」的錯誤心態。輔導而已，不等於你更厲害。

傑克欣喜地看到自己團隊的新人開始做出業績了，他的努力畢竟沒有白費。可是新的問題也隨之而來，老闆要求他加強對其他人的輔導。這是他害怕觸碰的領域，因為這些銷售老手的水準未必比他差，只不過他在這個位置上而已。輔導他們和輔導新人的感覺將會非常不同。

麻煩歸麻煩，該做的事還是要做。他立即和那些銷售老手明確說明：公司對輔導的要求很嚴，以前因為銷售新手較多，占去很多輔導時間，現在要一視同仁，完成輔導任務。希望大家做好準備。

輔導這些老手的感覺果然不同，能提出來的問題都在他們的意料之中。結果不是找不到毛病，或者找到毛病也解決不了，所以輔導真成了跑流程而已。傑克納悶，這樣的輔導為什麼還要做呢？

傑克把最近的煩惱告訴了教練。結果，教練就扔下這麼一句話：「輔導，不是去糾正對方的錯誤，所以也不用找錯誤。」傑克真的糊塗了，既然不是糾錯，那要輔導做什麼？

輔導者不是老師

▼業務團隊管理便利貼

輔導就是為了讓被輔導者突破內在和外在的障礙，從而更有效地利用自己的時間和其他資源，輔導過程就是讓客戶瞭解產品真相的過程。輔導不是要參與判斷，更不是替代對方解決問題，而是讓對方看到方向，留意到正在做的事情以及可能的調整餘地。

輔導者是不是一定比被輔導者強？或者，如果在某一方面不比對方強，就不具輔導的資格，對嗎？你這樣想也不是完全沒有道理。可是，如果你這樣想，就有可能失去很多被輔導的機會。那些足球教練上場一定比每個球員都踢得好嗎？拳擊教練一定比選手更優秀才能施教嗎？例如，醫藥銷售這個行業還很新，多年之後，會出現很多做了十年以上醫藥代表的人，而業務銷售經理有可能年輕得多。到那個時候，年輕的業務銷售經理需要輔導資深的銷售代表，該怎麼辦？

現實中，影響業務銷售經理做實地輔導熱情的，不外乎這幾個原因：

★經理自己覺得費事且效率不高。

★被輔導人對經理的輔導能力心存疑慮，態度敷衍。

★輔導和管理邊界模糊，分不清是在輔導還是在管理。

從被輔導者的角度來說，確實有人希望經理輔導自己，因為他們希望主管出面「搞定」客戶，這實際上是經理替他們做了工作，這不是輔導，只是鼓勵他們依賴而已；也有人希望得到輔導，是因為希望主管看到他們的實際困難，便於申請預算增加投入，這也不是輔導，是資源申請的現場陳述。所以很多時候，高層對客戶的拜訪成了「額外投入」的代名詞，言下之意是：「如果不給支持，你來幹什麼？」

在很多業務銷售經理及其團隊看來，輔導太虛，遠沒有直接給資源來得實惠，漸漸地也就不再談論輔導，除非輔導新人，或者規定要求輔導。實際上，不管輔導的定義是什麼，輔導要達到的效果都是一樣的。**輔導就是為了讓被輔導者突破內在和外在的障礙，從而更有效地利用自己的時間和資源，輔導過程就是讓客戶了解產品細節的過程。**在這一點上，業務銷售經理責無旁貸。

有人一想到輔導，就想到學校的老師。這是對輔導的誤解，輔導者不是老師，未必要比對方懂得更多。輔導者的力量來自對自己角色的認定，當你自覺地把自己放到輔導者位置上的時候，你的自信就生成了。

有人把輔導者比喻成鏡子，鏡子的功能是準確地反映真相，照鏡子的人自然會調整自己的姿態，如果發現臉上有不乾淨的地方，就會去洗；還有人把輔導者比喻為指南針，牢牢地指向目標方向也是輔導者需要扮演的角色。無論是鏡子也好、指南針也好，都有中立的特點。也就是說並不參與判斷，也不替代對方解決問題，而是讓對方看到方向，留意到正在做的事情以及可能的調整餘地。如果你只是一個新的經理，需要去輔導資深的銷售人，切忌表現出自己對業務銷售更在行的姿態。提出一個命題之後，一切都是基於對方的反應，讓對方充分表達自己的強項，及對自己區域的了解，如此而已。當然如果的確是他所在市場的潛力不夠，這說明：

★區域有調整的餘地。

★對這個市場不能投入更多資源。

★潛力到底有多大還保留進一步求證的餘地。

輔導是連續的

▼**業務團隊管理便利貼**

團隊當中，每個人都有不同的起點，有針對性地為每個人設計輔導內容、形式和節奏，雖看起來費事，實際上卻大有必要。

很多人掉進一個陷阱，巴不得一次輔導就把一切問題都統統解決。這樣只會把輔導搞得非常複雜，越扯越遠，越聊越亂。**一次輔導計畫做完，必須和最後一次輔導計畫相互呼應。**

所有人都知道輔導是一個連續不斷的過程，可是真正去做的時候，很容易把輔導當成唯一的一次。一次涉及的話題要點太多，就容易稀釋輔導的效果。當希望的效果達不到的時候，又匆忙得出輔導無效的結論。

沒有什麼是可以速成的。輔導也需要發揮滴水穿石的精神。就像季節變化，每次變化一點點，小到難以察覺。隔一段時間之後，不覺間天地已經變色。

團隊當中，每個人都有不同的起點，有針對性地為每個人設計輔導內容、形式和節奏，雖看起來費事，實際上卻大有必要。即便是一個簡單的業務銷售動作，也許需要連續輔導幾次才能形成新的習慣。記得有一次，我要求業務銷售代表在拜訪客戶時，弄清楚客戶不使用我們產品的原因。業務銷售代表滿口答應下來，也練習了，可是一到客戶那就卡住了，怎麼也問不出口。用了大約半年時間，他才能用這個新句型自如地向客戶提出這個問題。

輔導內容的四個層級

▼業務團隊管理便利貼

第一層級側重於讓新人進入狀態，第二層級側重於業績達成，第三層級側重於推進銷售進程，第四層級側重於調整心理狀態。根據輔導對象確定輔導層級，至關重要。

你的團隊來了新人，你被要求對他進行輔導。於是你問他：「你想知道什麼？」新人：「我什麼都不知道，所以什麼都行。」輔導者：「具體一點吧，什麼你不知道？」新人：「我一時也想不起來自己要知道什麼，這樣吧，我遇到什麼不知道的再來問你，好嗎？」

評語：這是典型的不知道自己不知道什麼。

你被要求輔導一個資深業務銷售代表。於是你問他：「你還想知道什麼？」資深業務銷售代表：「關鍵在於你想說什麼？」輔導者：「我說什麼都行，你想要什麼？」資深業務銷售代表：「要點資源行嗎？哈哈，我開個玩笑。不過坦白說，我的確不知道還有什麼我不知道的。這樣吧，我遇到不知道的再和你說，好嗎？」

評語：資深的和新來的兩者回答居然這麼相似！可是輔導他們的方法卻大相逕庭。

處在兩者之間的，或為業績而煩惱，或為沒有熱情而苦惱。為提高效率，可以把團隊大致分為四個小團隊，不同團隊有不同的輔導需求。

輔導內容有四個層級：第一層級側重於讓新人進入狀態；第二層級側重於業績達成；第三層級側重於推進業務銷售進程；第四層級側重於調整心理狀態。第一層級和第四層級，都是解決「不知道自己不知道」的問題，第一層級是透過系統的問題清單來引導，而第四層級是透過教練系統的培訓；第二層級和第三層級，都是解決「知道自己不知道」的問題，更多的是給予工具或方法。

與被輔導者共同確立輔導目標

▼業務團隊管理便利貼

輔導目標要以被輔導者的目標為目標，要以被輔導者為中心，而不是以實現自己的目標為中心。所以，輔導者最先需要弄清的是對方的目標。

每次輔導都要設立目標，這是眾所周知的。實際做起來卻很難，有三種可能的原因：（1）認為沒有必要；（2）技術上不會做；（3）認為有必要而且也會做，卻懶得做。只有目標設定清楚，現狀描述才會清楚，因為針對性會更強。

輔導目標最難設定。一廂情願地設定一個輔導目標，就等於設定了對方的弱點。所以，輔導者設定的目標往往不敢向被輔導者明說，因為說了就容易引起反感。一旦有了抵觸，你的目標就很難實現。況且，對方也許還會嘀咕：「你自己做得怎麼樣呢？」

輔導目標要以被輔導者的目標為目標。本來就是這樣，輔導者要以對方為中心，而不是以實現你自己的目標為中心。所以，輔導者最先需要弄清的是對方的目標。如果人家連目標都不肯跟你分享，你這個輔導者會連輔導的形式都定不下來。

如果對方被問急了，跟你說：「我的目標就是提高銷量，現在銷量上不去，你幫我想想辦法吧！」你會怎麼應對？如果對方和你說，與銷售目標差距的原因就是缺錢，你又會怎麼說？言下之意很明確：有錢就接受你的輔導，沒錢也別說這些沒用的。

這樣就失去了輔導的意義，而且你說什麼都會是錯的。此時的目標就是不再浪費時間。所有問題都不是短時間內形成的，這樣的溝通狀態根本沒有信任可言，所以也談不上輔導。業務銷售經理覺得委屈，認為自己沒有做過什麼對不起對方的事，為什麼會出現這種不信任？

信任是由兩種元素組成的：一是品格，沒使過壞；二是能力，就是有沒有使壞的能力，沒有破壞力，通常也未必就有建設力。不過兩者都具備了，對方也未必信任你，還要讓對方相信你有才行。所以那麼多業務銷售經理不做輔導，而是採取不停換人的方式也不是毫無道理。只是，不做輔導，就永遠學不會；只透過「換人」來取得威信，最終也將失去一切。與被輔導者共同確立輔導目標，就是一個獲得信任的風向球。

法則 7

有要求就要有獎懲

認可也好，表揚也罷，可以是物質獎勵，也可以是精神鼓勵。

給予肯定是一個即時行為，失去了認可的機會，就很難再找回來。

傑克從不懷疑這一點，自己的存在實際上影響著團隊的獎金。有兩點最為明顯：一是目標，目標定得低些，團隊的獎金就高些；二是活動預算，市場活動的預算多些，獎金也就多些。另外還有一點，分得的市場好些，獎金自然也會多些。當然，市場不是經常調整的。

正因為如此，最近團隊裡抗拒目標的人多了起來，情緒升溫，就好像都是針對自己來的。這也難怪，以前計較的是獎金多少，現在銷售業績接近達標的人變多了，一不小心可能就拿不到獎金了。不知誰說，團隊業績成長幅度小了，團隊就會變得難帶了。千真萬確！好像一時間，什麼樣的問題都冒了出來。這顯然是個進退兩難的問題，傑克感到前所未有的壓力。

提出要求，就要放入獎懲系統

▼業務團隊管理便利貼

你提了要求的，就要放入獎懲系統，否則就別提要求。凡是不值得放入獎懲系統又很重要的，就是團隊文化應該做到的。

你要求不遲到，偏偏就有人遲到，你有懲罰措施嗎？如果沒有有效的措施，索性就別提這個要求。如果不遲到有獎勵，那你的獎勵足以讓人不遲到嗎？做不到這一點，那也別提這個要求。

某次在總公司開會時，各國分公司總經理聚在一起開了一個研討會。其中一個議題是客戶的資料庫管理，討論重點是如何有效使用這一客戶管理系統。這是一個非常常規的討論，在討論接近尾聲的時候，有人問：「業務銷售團隊中會有人因為輸入自己的客戶資料而得到獎勵嗎？」會議室裡頓時一片譁然，大部分人認為這是正常工作內容，公司沒必要格外獎勵。

那人繼續問道：「會有人因為沒有達到要求而受到懲罰嗎？」當然也沒有。如果真是這樣，那他們為什麼要在乎呢？這與自覺無關，與素質無關，只與管理有關。誰都知道這是公司裡沒有獎懲的領域，是不重要的領域，誰都知道。

那些值得你提要求的，就是值得放入獎懲系統的。凡是不值得放入獎懲系統又很重要的，就是團隊文化應該做到的。也許有人覺得「文化」這個概念太抽象，簡單說，就是要營造一種「大家都這麼做，所以我也要這麼做」的氛圍。以「遲到」為例，如果團隊裡人人都想著「人家都不遲到，那我也不能遲到」，卻連自己也說不清楚為什麼，真的有了這個效果，遲到就不用納入獎懲系統了。你也自然不必提出這樣的要求。

公司要什麼，就獎勵什麼

▼業務團隊管理便利貼

身為管理者，你設定了獎勵制度，便是對想得到什麼效果表明態度。對於那些獎勵制度之外沒有得到的部分，也就不必抱怨。

目標達成率是一個常見的獎項。它與實際銷售和銷售目標兩個變數相關。這個獎項與你所擁有市場的規模和市場成熟度關聯不大，即無論在新興市場還是成熟市場，無論基礎銷售大還是小，你都可能拿到同樣多的獎金。這個獎項的好處在於，新產品或新市場會得到團隊的有效關注，市場分配容易調整，團隊容易擴張；缺點是目標分配難度增大，人們願意做更小的市場和更少的產品。

銷售成長率是另一個獎項。它是一個重要而且複雜的考核項目，必須定義清楚。有的是和上一年同期相比；有的是和上一個獎勵周期相比。無論是哪一種，鼓勵成長所帶來的效果都很顯著，尤其是新興市場。一個缺點是這樣對成熟市場的關注不夠，因為銷售基數大，成長率就不會大；另一個缺點是成長率的計算比較複雜，尤其是在流動率較高、市場經常需要調整的多產品團隊。

銷售貢獻率即實際銷售多少，這更是常見的獎項。銷售越多，獎勵越多。同樣的完成率，銷售額不同，獎勵懸殊。這個獎項鼓勵人們多拿市場，多承攬產品，因為這樣總體銷售額才會更高；缺點是市場調整的難度大，團隊擴張困難，因為業務銷售代表不願意把手上的產品或市場分給新來的同事。

另一個獎項是**投入產出**。這在常識上非常正確，畢竟銷售是為了賺錢。但是這個獎項的計算很複雜，而且會引發管理上的短視。所以，更多的銷售團隊把資源投入放在獎勵制度之外，靠預算制度來管理短期和長期的回報。

一般情況下，團隊很少只設置一個獎項，目標達成率往往是必選的，同時可能會選擇成長率或銷售貢獻。每個獎項都會設定不同的權重和獎勵範圍，這樣一個獎勵系統的核心部分就可以基本確定了。如果你的團隊只銷售一個產品，那麼以上獎項無論是設定還是執行都很容易理解和掌握。一旦涉及多產品管理，尤其是處在產品生命週期不同階段的多產品管理，情況就會突然變得複雜起來。於是，各種各樣的捆綁政策就會把原本清晰的獎勵制度弄得面目全非、難以辨認。但是，只要知道了這些基本原理，再複雜的獎勵制度也能理出個頭緒來。

除了定量的獎項以外，為了規範團隊的價值觀，很多公司還會設定一定比例的定性獎勵制度。主要是針對紀律方面，例如報告制度、客戶資訊更新制度、技巧和知識的掌握方面等。這要靠業務銷售經理打分或評估得出結果。

在實際工作中，定性部分的考核往往成了走程序。例如對那些業績好的同事來說，業務銷售經理不忍心給低分，果真不好怎麼會取得好業績呢？對那些業績不好的，本來總體獎金就低，如果再不「照顧」一下，業績不是更不好了？

一個公司想要什麼，就去獎勵什麼；反過來，身為管理者，你設定了獎勵制度，對想得到什麼效果就已經表明態度，對於那些獎勵制度之外沒有得到的部分，也就不必抱怨。

獎懲不要怕公開

▼業務團隊管理便利貼

獎懲與要求配合，會加強要求的力度。獎懲不要怕公開，只有這樣，才能成為有力的管理工具。

獎懲，是管理的工具，不要怕公開獎勵，也不要怕曝光對誰的懲罰，即便自認為理由充分。很多人喜歡偷偷給獎勵，悄悄做懲罰，只為了不激起波瀾，引發不平衡。獎懲是一個有力的工具，不讓獎懲與要求配合，就會降低要求的力度。這是常識，可是做起來並不輕鬆。

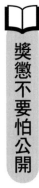

有一次，一位業務銷售經理對上司說他想解雇一位業務銷售代表，理由是這個業務銷售代表不勤奮，而且態度不好。但是他不想公開解聘這個業務銷售代表的理由。

解雇這名員工也許是這位業務銷售經理做出的一個正確決定。可是如果不開誠布公地說明理由，如果說得嚴重一些，這變成是在濫用職權，做了碰巧是對的事。這種行為在團隊裡引發的問題，也許遠比一名不合格的業務銷售代表嚴重得多。

還有一次，一位業務銷售經理需要從團隊裡選出一名公司優秀員工候選人，十二個業務銷售代表中只有一個名額。你會怎麼做？公司提出的標準是：（1）業績突出；（2）是公司價值觀的楷模。雖然有些為難，他還是迅速在腦中把十二個業務銷售代表的名字過了一遍，並將他們分為三組：（1）銷售額和指標達成都很高的；（2）擁護自己的管理主張的，即聽話的；（3）如果落選，可能表現出不滿情緒，造成混亂的。

他發現，三組中同時符合條件的有四人。於是，他重新定義了一下「業績」，把銷售成長考慮進去。還剩下兩人，怎麼辦呢？再看看在公司的服務年限，最後把服務時間長的同事推了上去。

乍一看，這個做法很不公開透明，甚至有些小氣。為什麼「聽話的」和那些平時脾氣大的就會被考慮？這豈不是沒有原則了嗎？可是仔細想想，如果自己認可並遵從公司的價值觀，當然也會與那些同樣擁護公司價值觀的人一樣，聽從公司的號召；如果那些脾氣大的是無理取鬧，其力量必然有限，自然不會造成團隊的混亂；如果他們脾氣大是為了維護團隊的正義和公平，自然也是對你的管理的一種高標準要求，讓你不能為所欲為。這類人當然是需要考慮在內的。

公開結果的時候，只需要把符合公司標準的具體事實和資料一併公開即可。還有一點，如果真有其他一些和被選中的候選人不相上下的人選，你自然可以去向公司申請更多名額，即使不成，也還有其他更多的獎勵機會在等著他們。

認可與懲戒都要有依據

業務團隊管理便利貼

身為團隊領導者，認可一個人就要讓這個人感受到你的認可。懲戒是比表揚還要有力的一種認可方式，但是懲戒時要注意，懲戒只是針對具體的行為和想法，而不是某個人。

業務銷售經理認可的，應該沒有固定的人。認可誰，完全取決於對方的意願和行為。認可有意願在這裡工作的人，認可有意願的人當中業績好的，尤其是擁有可持續好業績的人。除此以外，哪怕業績再好，也不需要被認可，不需要被保留。**判斷意願不在於其說了什麼，而在於其行為**。

曾聽到一位資深經理人訴苦：「下屬經常抱怨沒有得到我的認可，而且很奇怪的是，那些有怨言的總是我在心裡感覺很親近的人。對這些人，我以為他們知道我認可他們，所以就沒說。說了，不是反而流於俗套了嗎？」

認可也好，表揚也罷，可以是物質獎勵，也可以是精神鼓勵。給予肯定是一個即時行為，失去了認可的機會，就很難再找得回來。有人的確表達了自己的認可，但同時提出了更高的要求，或者指出存在的不足，目的是讓對方在得到表揚的同時，不要驕傲自滿，尤其不要提出過高的要求。可是，這麼多資訊聚集在一起，對方已經分不清你到底是在表揚還是在批評。一旦產生這種感受上的模糊，對方往往寧可相信自己是得到了批評。這豈非南轅北轍，事與願違？

身為團隊領導者，你心裡認可別人是一回事，讓別人感受到你的認可又是另一回事。在早期的管理過程中，我遇到過很多這樣的情形。其中很典型的要數二〇〇三年的那次，一位很用功的同事突然離開公司，不排除是因為外面的好機會使然。但是他在給我的告別信中說了一句話，我至今都相信這才是他離開的真正原因：「你從未認可過我，不是嗎？」其實我心裡是很認可他的，只是沒有讓他感受到而已。

懲戒，是另一種形式的認可，甚至是比表揚還要有力的一種認可方式。要做到這點，需要留意的是不要懲戒某個人，而是要指出具體的錯誤行為和想法。這樣就會給人一種印象，只是這一點或這一次需要調整而已。

沒有固定必須懲戒的人，卻有必然需要懲戒的行為。所以懲戒的人並不固定，但是懲戒的行為一定是有脈絡可循的。懲戒了某人，表示對此人還有期待，甚至是更大的期待。所謂愛之深，責之切。良藥是為了更健康。被懲戒的一方收到這份善意才會改變，這才是目的所在。

認可也好，懲戒也罷，說到底都是為了調節團隊的氛圍。懲戒的範圍太大，氛圍會太過壓抑；懲戒太小甚至沒有，團隊容易變得懶散，進而失去步調一致所帶來的那種力量感。紀律雖然與個性不太融洽，但是缺少紀律的團隊，個性的價值也得不到彰顯。

懲戒，首先要避免的就是「責眾」。即使每個人都犯了錯誤，也不能個個都懲罰，一定要有所區分。

沒有固定必須懲戒的人，卻有必然需要懲戒的行為。從想法、行為和結果上，認可什麼、懲戒什麼一旦明確了，那麼這些認可或懲戒還是要落實到具體的人身上。團隊中每個人的影響力是不同的，影響力大的人當然就厲害，影響力小的人平時就顯得人微言輕的樣子。**要想讓認可或懲戒的行為產生最大的效果，就要有勇氣選擇懲戒「大人物」，獎勵「小人物」。**

法則 8

獎勵制度並非萬能

獎勵不是一切，還需要管理來補充。

獎勵畢竟只是一個外在刺激，把外在刺激內化成自我驅動，是激勵的一種突破。

傑克已經和教練有過幾次接觸，習慣遇到問題就和他討論一番。可是早上電話裡，教練推託說他最近很忙，要求傑克先寫下自己對問題的思考過程，然後再發給他看看。雖然費事，傑克還是決定試試，模擬一場與教練的對話。

傑克：「請教一個問題，最近獎金問題一直在干擾我正常的管理動作，該怎麼解決呢？」

教練：「到底是什麼在干擾你呢？」

傑克：「是他們的情緒，是他們討論目標時的態度。我理解他們的感受。」

教練：「如果是你，你也會有同樣的反應，對嗎？」

傑克：「不全對。因為我的薪資高一些，獎金雖然也重要，但還不至於影響我的態度。」

教練：「既然如此，實際上是你在困擾自己，因為你就是他們的代言人。」

傑克：「……好像也對，也不對。我不知道哪兒有問題。」

教練：「如果你的薪資和他們一樣，就會干擾自己團隊的管理，對嗎？再說，他們真的認為自己在干擾你嗎？如果你是他們，你會『干擾』經理的管理嗎？」

傑克：「其實，如果再回過頭去做銷售代表，我不會計較。因為我不只是要現在的獎金，還希望將來也能拿到更高的獎金。」

教練：「那你認為他們是在計較眼下的獎金了？他們會不會是在擔心你的管理？對你的信心是不是在下降？」

傑克：「還真有可能。如果是這樣，我這樣的管理動作，豈不是加劇了這種不信任？我明白了，困擾我的是我自己。」

確保員工清楚明白獎勵制度

業務團隊管理便利貼

業務銷售經理不僅要能預見團隊可能的反應和問題，還要能毫不模糊地給出解答。要解釋規則，而不是討好員工。

清楚無誤地解釋整個獎勵制度及其背後的邏輯是一項很重要的技能。業務銷售經理要能預見團隊可能的反應和問題，並且能用毫不模糊的方式給出解答。很多業務銷售經理誤以為獎金制度的解釋工作，是人力資源部門或高層領導者的事，理由可能是：「誰制定，誰解釋。」所以，當團隊裡有人抱怨新獎金制度的時候，也就「順理成章」地推到高層那裡，好像完全不關自己的事。

在團隊成員眼裡，業務銷售經理就是管理層。你沒有任何理由不明白，就算不明白，替他們弄明白也是你的職責所在。讓高層出面解釋獎金制度不是不可以，但這不能成為你不知道如何解釋獎金制度的理由。

所謂解釋獎金制度，還不如「銷售」獎金制度來得更實在些。要想銷售這個獎金制度，就要徹底瞭解這個制度。以下幾個關鍵點是必須掌握的。

★這個獎金制度的總體預算是怎麼計算出來的？與之前一個版本相比，總體預算是增加、持平還是減少了？人均獎金預算是增加、持平還是減少了？

★假設總體預算沒有變化，那麼在新的獎金制度下，一定有人拿得更多，有人拿得更少。到底什麼樣的人會多拿獎金，什麼樣的人會少拿獎金？

★決定一個人獎金多少的因素有哪些？有什麼變化？權重又有怎樣的不同？

★每個人如何預估自己的獎金所得？能否根據幾個已知的資料大體算出獎金的數額？

一個獎勵制度的提出，總有人喜歡，有人不喜歡。這也正是獎勵制度的目的，本來就只是讓一部分人得到額外的獎勵，如果全部都滿意，就變成福利了。

所以，業務銷售經理需要確保每個人都清楚無誤地瞭解獎勵制度。要解釋規則，而不是討好員工。

用管理方法彌補獎勵制度的局限

業務團隊管理便利貼

不是所有行為都能用獎勵制度來規範的。遇到獎勵制度不能涵蓋的問題，要從管理方法，甚至自身的行為舉止上尋找根源。

獎勵制度是市場策略的物化。

如果你發獎金的時候，是心不甘情不願的，那就是獎勵制度需要修改的信號。獎勵不是一切，還需要管理來補充；獎勵畢竟只是一個外在刺激，把外在刺激內化成自我驅動，是獎勵的一種突破。

有些經理人一旦遇到問題，就希望修改獎勵制度。如果獎勵制度遲遲沒有如願修改，就開始大加抱怨，這是管理上頗為幼稚的表現。不交報告，如何懲罰？其他獎勵制度裡沒有規定的行為，下屬不做怎麼辦？開會不積極，玩手機，說了不改，經常遲到，言語傲慢等，難道都要用獎勵制度來規範？這樣一來，獎勵制度承載的壓力是不是太大了？

不是所有行為都能用獎勵制度來規範。遇到獎勵制度不能涵蓋的問題，第一個反應不應該是責怪它，而是要從管理方法，甚至自身的行為舉止上尋找根源。當這種努力到了一定的力度，你的團隊就會形成一種獨特的文化，這種文化甚至與你是否在場無關，它將持續發揮規範團隊成員行為的作用。

確保計算獎金的資料來源可靠

業務團隊管理便利貼

事關團隊荷包的事情無小事。所以，對於資料一定嚴格審查，確保準確無誤。

這個提醒似乎是多餘的，因為它是常識。可是，最常見也最不容易出問題的地方，往往一旦出了問題就是很嚴重的。計算獎金的資料是怎麼來的？這個資料處理的具體流程是怎樣的？這中間，誰在收集？誰在處理？誰在計算？誰在審批？各個環節的時間安排又是怎樣的？身為銷售經理，千萬不能把以上這些問題當成多餘的問題。這事關公正與否、準確與否、對團隊關心與否。凡是涉及團隊荷包的事情，最好不要把它當小事。

如果你們公司的所有銷售資料都是從網上查閱的，看似客觀公正、童叟無欺，可是在資料登錄環節就可能出現錯誤。不要對這些環節掉以輕心，這是對團隊負責的態度。如果部分銷售資料需要人工採集，那麼負責採集資料的人員很可能為了趕時間在月底就開始採集，也有可能漏掉了最後一兩天的資料，而這部分資料又不會出現在下個月的報表當中。

檢查資料是為了確保團隊拿到該拿的獎金，也是為了減少對團隊銷售活動效果的評估誤判。因為無論怎麼說，成功組織了一個業務銷售活動，卻沒有見到相應的效果，無疑是對繼續組織類似活動的一個打擊。

在銷售資料上，業務銷售經理表現出的任何精明都是值得的，也是受團隊歡迎的。同時，這也是對假資料、假業績製造者的無形威懾。團隊成員再苦再累再努力都不怕，再大的困難也不怕，就怕努力半天，還不如人家一個假資料得到的誇獎多。資料不實，對團隊的打擊將是巨大的，一旦出現，就要從各個環節進行圍堵。這也是業務銷售經理的重要職責。

Part 2

優化溝通4法則

法則1

溝通制度化

工作中看到的問題和心裡醞釀的方案要主動溝通、即時溝通、有效溝通，不然就等於你沒看到，沒想到。

傑克的團隊裡有「四大金剛」，他們和傑克合作有兩、三年了。發生了任何事，傑克都會在第一時間得到通報，這已經成了習慣。可是，團隊中的其他人並不是這樣的。以前，傑克總以為因為他們是新來的，或者是因為性格內向。業績好的時候，傑克沒有太計較這點，反正有幾個鐵桿在，團隊中大小事都在掌握之中。

可是最近幾個月他明顯感到不妥。那些明明講好的事情，到了關鍵時候卻會脫軌，沒有完成任務還找各種藉口。傑克感到很惱火，問他們為什麼不早說。他們就說這些一向都是在開會的時候才統一彙報的，況且傑克也沒要求他們必須立即彙報，再說，說了有用嗎？早說晚說還不一樣？

傑克真的惱了，問：「其他事情就算了，華山醫院吳教授不能參加杜拜的學術會議，為什麼不早說？這不重要嗎？」對方回答：「你又沒說哪些事情需要立即報告。」

傑克無奈了：「這誰都知道的事情，還用我強調啊？」結果對方一句話把傑克徹底擊昏：「如果這麼重要，為什麼不列在獎金系統裡呢？」

規範「溝通五標準」

▼業務團隊管理便利貼

業務銷售經理必須將「溝通五標準」規範化。周會、月度報告、周期會議、出差報告、活動報告、季度業務計畫都是溝通制度化的形式。

每個能夠當上業務銷售經理的人，證明溝通能力不差。可是比別人好在哪裡，卻難以衡量。既然難以衡量，也就很難要求下屬。時間一長，「加強溝通」就成了老生常談，也就慢慢無奈地接受了團隊的溝通不力。溝通靠悟性，悟性好的不用教，悟性差的教不好，於是索性放了手。

溝通要形成制度，而不是要領導者一次次地要求。既然是制度，就要有保證制度執行的辦法。就是說，如果誰破壞制度，是要被處罰的。**資訊流通的速度就是經營的速度，就是卓越的速度，也是獲勝的法寶。**

制度化，往往不是業務銷售經理可以做的。但是在團隊內部，業務銷售經理必須建立一整套約定，把「溝通五標準」規範化。不管是剛剛開始業務銷售經理管理生涯，還是早已形成自己的團隊管理習慣，溝通制度化都是值得努力去做好的一件事。

有秩序的團隊每天早上都會集合一次，溝通一天的重要活動；有的團隊規定每天固定時間進行電話會議溝通，交流活動的進展；有的團隊每天晚上把當天的客戶溝通情況上傳到客戶管理系統；還有的團隊需要每個團隊成員記錄下一整天的客戶拜訪情況。

周會、月度報告、周期會議、出差報告、活動報告、季度業務計畫都是溝通制度化的形式。所有這些規定或制度所希望達到的效果，都不是簡單的單方溝通形式的加總，也不是團隊成員個體溝通效果的加總，而是希望透過資訊整合，達到每個個體溝通達不到的效果。這與兩隻眼睛的視覺敏銳度不是一隻眼睛的兩倍，而是六倍，甚至更多倍是相同道理。

團隊有效與否，要看這個團隊留意什麼樣的資訊，以及這些資訊的流動速度。**溝通制度化，就是要回答什麼樣的資訊需要書面記錄，並做到主動、即時、準確並且有效地溝通。**

把「溝通五標準」，即**主動溝通**、**即時溝通**、**準確溝通**、**有效溝通**以及**要事書面溝通**，各分為五級，就其中的每一項，為團隊成員和自己分別評分，收集並統計每個人的分數，你一定會有所發現。接著，和團隊成員分享並討論你的發現。

主動溝通

▼業務團隊管理便利貼

溝通是相互的，主動溝通也是相互的。業務銷售經理只有先做到主動溝通，才能要求下屬也主動溝通。沒有主動溝通的領導者，就沒有主動溝通的團隊文化。

誰都知道主動溝通的重要性，可是有人並不知道什麼要溝通以及什麼不該溝通。當產生這個疑慮的時候，就是應該溝通的時候。

日常工作中，不難發現「主動溝通」的受害者，如「**從來沒有人告訴過我**」這種句型的使用者，就是在抱怨沒有人主動和他溝通。可是溝通是相互的，主動溝通也是相互的。沒有人可以要求別人主動溝通而自己卻不這樣做。要應對「從來沒有人告訴過我」句型的使用者，可以問一下他是不是主動要求溝通了。

很多業務銷售經理抱怨下屬不主動和自己溝通，可是，曾經要求過他們要主動溝通嗎？如果是，曾經記錄了他們是在什麼時間及什麼事情上主動和自己溝通的嗎？如果是，又主動回饋過嗎？在獎勵系統中考核溝通的主動性了嗎？當然很少有團隊會把主動溝通納入獎勵系統，因為溝通更多是一種團隊文化的組成部分，而這個文化的形成和團隊的領導者息息相關。**沒有主動溝通的領導者，就沒有主動溝通的團隊文化**。

主動性如何衡量？那要問自己，你需要他們主動溝通什麼內容。是希望團隊成員大小事都主動向自己彙報，還是只要求他們溝通其中某一部分？是哪一部分？團隊成員知道嗎？如果只是「重要」的資訊，那你說的「重要」和下屬理解的「重要」意義相同嗎？可見，**如果希望團隊主動，就要先主動與他們溝通**。

對新來的同事，除了常規的到職培訓，我通常都會強調一點：「在三個月內百無禁忌，只要能想到，就去問，問誰都行。如果碰巧得不到答案，或者對答案有任何疑惑，可以直接問我。」儘管如此，還是擋不住有人抱怨：「沒有人告訴我應該問些什麼。」於是我製作一份提問指導手冊，把所有可能遇到的問題分為四個層級，讓他們可以隨時主動提問。當然，身為經理，你仍然可以抱怨他們為什麼不能像你一樣有悟性，但這樣做顯然解決不了任何問題。

即時溝通

▼業務團隊管理便利貼

出了問題即時溝通，不要拖延。如果不確定此時溝通是否合適，可以和對方確認。

即時是什麼概念？即時就是**不要等**，除非你有等的理由。在自己和對方的條件都允許的情況下，要即時溝通。

一位業務銷售經理問手下的業務銷售代表，為什麼實際銷售低於指標。該代表回答說一位重要客戶被調離了職務，所以影響了銷售，由此引發了下面的對話。

經理：「這麼說，因為這位客戶離開對你的銷售造成影響，所以你才沒有達成業績目標？」

代表：「是。」

經理：「你發現這件事多久了？」

代表：「很久了。」

經理：「很久是多久？」

代表：「有一個多月了。」

經理：「為什麼沒有溝通？」

代表：「我是想等解決了再說。」

經理：「那你採取什麼措施來解決？」

代表：「找新的客戶替代。」
經理：「有效嗎？」
代表：「沒有多大效果。」
經理：「什麼原因？」
代表：「他們不認可我們的產品，關係也不是很到位，需要一點時間。」
經理：「需要多久？」
代表：「半年左右。」
經理：「所以，你決定半年後再彙報？」
代表：「也不是……」
經理：「目前還有沒有類似的事情？」
代表：「暫時沒有。」
經理：「下次一旦察覺，就即時彙報。可以嗎？」
代表：「好。可是，即時彙報就能解決嗎？」
經理：「未必。但這是我們團隊的要求，不是嗎？」

準確溝通

業務團隊管理便利貼

溝通要用事實和資料說話，盡量減少個人判斷，不要給出猜測的答案。可以根據不同的條件選擇不同的溝通方式。準確溝通不是說對方愛聽的，而是說出真相。

準確，就是要**減少個人判斷，用事實和資料等細節，證明自己的看法**。要根據不同的條件，選擇不同的溝通方式，可以是客觀的描述，也可以是生動的敘述，還可以是結構嚴謹的彙報。

沒有什麼能替代準確溝通的重要性。「客戶為什麼不用我們的產品？」對很多銷售人員來說，最準確的回答可能就是「不知道」。這比那些猜測的答案要好得多。因為你不知道，所以才不會根據你所猜測的「原因」去亂花錢，不會為了那個可能並不存在的「原因」浪費時間討論解決方案。因為你「不知道」，所以才會直接去弄清楚。

同樣地，「客戶為什麼使用我們的產品？」你的回答是什麼？對此恐怕很少有人深究，畢竟不是每個人都會去和「成功」爭辯，何況客戶都已經在使用你的產品了。可真正的原因是什麼，你未必知道。如果你真敢回答「不知道」，進而去下工夫弄清楚，可能收穫的業績成長機會就會多很多。

多年前，我曾遇過一位業績出色的銷售人員，他就是帶著這個問題，吃驚地發現，那些自己平時宣傳的、理所當然的產品資訊並不是客戶選擇產品的理由，從而意外地得到了很大的成長空間。「不知道」這個「準確」的答案，實在是妙不可言。

你的團隊的資源實際上是怎麼使用的？在不同類型的客戶中是如何分配的？**得到的資訊越準確，對資源配置的有效性判斷就會越準確**。沒有準確溝通的基礎，所有的策略都會失去調整的依據，變成盲目而危險的遊戲。

團隊中有人對你說，他對達成業績指標信心不足。這是準確的溝通嗎？如果是，你如何幫助他？給他講一些勵志故事，還是拍拍他的肩膀，讓他鼓足信心？或者是和團隊成員一起喊喊口號？弄清信心不足背後的原因，才是給出解決方案的起點。

對達成業績指標信心不足，無非是基於指標、資源、市場潛力、競爭和過去業績等基本因素做出的邏輯判斷。與其喋喋不休地圍繞「信心」做文章，還不如問問對方：「你對客戶、競爭對手、品牌知識和我們的行銷策略都知道些什麼？」如果他知道得不多，自然不會有信心；對這幾個方面的知識知道得越多，信心就越足。

然而，不要以為信心越足，就意味著達到業績目標的信心越大，斷言「不能達到業績目標」，也是信心的一種表現。所以，**準確溝通不是說對方愛聽的，而是說出真相**。

有效溝通

▼業務團隊管理便利貼

溝通的實際效果取決於溝通的有效性。要改變方式、改變場合、改變順序，讓不同的人去說，在對的時機下去說。

有人說，對方根本不在狀況內，所以說了半天也沒有效果，說了很多遍也沒有效果，甚至可能說一輩子也不會有效果。可是這可怪不得別人，還是要從自己的溝通有效性說起，要改變方式、改變場合、改變順序，讓不同的人去說，在對的時機下去說。當溝通無效的時候，責任要由自己承擔。

★我提醒過你多次……

★我說了都不下一千遍了，可是有用嗎？

★屢教不改！

★苦口婆心地說了半天，他就像是木頭人。

以上這些句型，都是一個人在進行無效溝通之後的常見感想。把無效溝通的責任統統推給對方，事情不但不會解決，反而還展示出自己無能為力的一面。

有一次，我正和一家公司的總經理聊天，她接到財務總監的一通電話。電話裡說著說著竟然發起火來，聽上去是銷售資料「又」弄錯了。她放下電話，無奈地抱怨自己的財務粗心，不止一次讓自己在總部那邊沒面子。

「真是，剛剛把月度報告發出去，資料又錯了。」

「這是誰的錯？我的意思是錯了這麼多次，還是財務的錯嗎？」

「是啊，我也覺得是怪我不好，早就該換人的，可是換財務的風險大得很，不能不小心。」

「除了換人，應該還有很多辦法可以解決這個問題。」

「什麼辦法？」

「在找辦法之前，必須弄清楚，這是什麼問題？誰對這個問題負責。其實問題就是溝通無效，責任不在財務，而在你。」

「怎麼就算負責了呢？」

「不再抱怨啊。既沒有說出口的抱怨，也沒有沒說出口的抱怨。」

如果不能把自己的主張「銷售」給對方，又怎麼能在這個位置上進行有效的管理呢？如果自己不會做銷售，又如何有效地管理銷售人員呢？

要事，以書面溝通

業務團隊管理便利貼

不管你喜不喜歡，都要養成要事，以書面溝通的習慣。

你可以不喜歡寫，你可以不做不喜歡的事。但是，如果你不喜歡書面溝通只是因為不習慣或者不擅長，那麼這可能恰恰是你需要強化的地方。

什麼是「要事」？**任何影響目標達成的事情都是要事**。那麼身為業務銷售經理，什麼是要事？事關客戶的、對手的、策略的以及團隊的事，都是要事。既然是要事，將其以書面形式寫出來就是十分必要的。這是一個基本原則，與喜歡與否沒有直接的邏輯關係。有時候，再不喜歡的事情做久了也就習慣了，習慣了也就可能喜歡了。

法則 2

抽象溝通具體化

討論中要注意三點，即聽、說、問。

無論你的主張是什麼，都要讓大家知道，切忌沉默不語。

傑克當然知道，對團隊成員不能一味地批評，鼓勵還是必要的。最近，他重溫了早年的管理暢銷書《一分鐘經理》，意識到自己平時的溝通還需要一些改進。

回想自己當初擔任業務銷售代表的時候，上司一句不經意的表揚，都要記上很久；一句輕描淡寫的批評，都要「痛」上幾天。可是輪到自己的時候，效果怎麼就沒那麼明顯了呢？

表揚他們的時候，傑克總能隱隱看到他們那種古怪的表情，好像一切都被看穿了一樣。得到表揚以後，他們的高興也像是裝出來的。批評也是，只要敢，他們好像總有一千條理由等著反駁傑克對他們的任何指責。可是，傑克的批評真的是為他們好啊。

最近壓力大，為了緩解氣氛，傑克刻意增加表揚頻率。可是當他在一次會議上表揚一個同事工作「認真」的時候，其他人明顯都低下了頭，而被表揚的人也表現出不自在。哪裡出錯了嗎？

溝通不是做判斷

▼業務團隊管理便利貼

日常溝通不只是給意見、做判斷。意識到描述和結論的區別，對於業務銷售經理的管理工作至關重要。

我曾問過某位業務銷售經理，他的「團隊情況怎麼樣」，他答「不錯」「還好」；我問「業績怎麼樣」，他答「業績還行」；我問「市場情況怎麼樣」，他就東一句西一句，回答既不連貫，也與問題毫不相關。很多人做了業務銷售經理後好像忘記了描述和敘述這些基本技能，變得習慣於給意見、做判斷了。

記得大學一年級下半學期時，我有一次到醫務室去看病。一位中年女醫師問：「怎麼了？」我回答：「感冒了。」女醫師立即面露不悅：「你怎麼知道是感冒？你是醫師還是我是醫師？我在問你有什麼症狀！」我當時愣住了，畢竟自己是學醫的，難道連感冒了都不知道？真是太意外了，我完全沒想到會遭到一頓指責。於是，我只好描述了自己鼻塞、流鼻水、喉嚨痛等症狀，對方在病歷上一一記錄下我描述的症狀，最後診斷：感冒。這次看病算是大學裡印象最深刻的一堂課，比課堂上很多老師上的課還要深刻。

描述的是事實、資料和感受，而判斷則是據此得出的結論，是觀點。**留意到描述和結論的區別**，在業務銷售經理的日常工作溝通中至關重要。

類似的溝通案例很多，例如經理問代表「最近銷量下滑得很厲害吧」，代表可能會有什麼樣的反應？

回答1：沒有下滑，有兩三家醫院的銷量還上升了呢。

回答2：沒有啊！比上一年同期的銷量上升了一九%啊。

回答3：不會，××產品最近銷量成長很可觀。

回答4：不會，競爭對手的銷量下滑，我們的市場占比還上升了。

回答5：沒有，上個季度我的達成率是八五%，這個季度可以達到九〇%。

回答6：沒有吧？你看到的可能是醫院進貨，我們最近消化庫存呢，出庫量在上升。

回答7：最近招標，價格下降，實際上正銷售量還是持平的。
回答8：不嚴重，只有五%，競爭對手下降了一五%呢。

一個容易走進的誤區就是把觀點當事實。測試一下下面十句話陳述的是觀點，還是事實：

★競爭越來越激烈，生意也越來越難做。
★我最近心情不好。
★這東西很好吃，這首歌很好聽，這個故事很感人。
★你的業績很一般。
★今天很冷。
★他生氣了。
★我很困惑。
★我做了一個夢。

★我想我得了憂鬱症。

★這件事，我已經盡力了。

當業務銷售經理留意自己溝通中陳述的是事實還是觀點時，測試的目標自然就達到了。理解了描述事實的重要性，還要學會選擇和組織事實，讓這些事實按照一定的層次和順序呈現，從而在溝通中起到一定作用，這就是敘述。以一定的脈絡，例如時間或地點，或由表入裡，或由遠及近，完整、連續地羅列出一系列事實，就是敘述能夠達到的功效。就像講故事，打動人的故事能夠讓人身臨其境，產生聯想甚至對號入座。這樣的敘述就會產生力量。

報告也是重要的溝通形式

▼業務團隊管理便利貼

報告作為一種重要的溝通形式，是業務銷售經理必須掌握的能力。報告者必須有明確的主張，給出鮮明的觀點。

什麼時候需要報告？報告有提出問題、研究問題、解決問題的完整結構。報告有時以商業計畫的形式出現，如產品上市計畫、區域市場開發計畫和市場研究計畫等。稱得上報告的溝通，要顯得正式得多。對業務銷售經理而言，工作涉及的報告可能有周報、月報、業績彙報、活動報告、區域銷售計畫等。有少數業務銷售經理不僅討厭寫報告，而且還對那些會寫報告的業務銷售經理不屑一顧：「他們就會寫報告。」言下之意，會寫報告倒成了光說不練的代名詞。

討厭寫報告的人，往往會有很多理由。從時間上來說，他們認為與其花時間寫報告，還不如把時間花在市場上，花在客戶那裡；從效用上來說，寫報告往往也得不到上面的回饋，所以也就只是寫寫而已，寫完了就束之高閣；從自身能力來說，並沒有人教會自己如何寫報告，況且自己也不擅長寫東西，將來也不準備靠寫東西吃飯；從意願上來說，的確不是很願意，儘管理智上覺得寫報告還是應該的。

報告作為一種重要的溝通形式，是業務銷售經理必須掌握的能力，需要格外注意。因為一旦留意到一件事情的重要性，離掌握它就不再遙遠了。

與描述和敘述不同，報告者必須有明確的主張，給出鮮明的觀點。從發現問題、提出問題到提議如何解決問題的不同側重點，設計報告的結構。

關於報告，有以下三點值得注意。

★**長話短說**——簡練，要點突出。

★**長話易懂**——站在讀報告者的角度，從對方熟悉的角度去描述。

★**長話不厭**——報告節奏分明，布局精心，準確把握對方思維的脈絡。站在對方的角度適時地提出問題，是這個節奏的表現。

分析和總結

▼業務團隊管理便利貼

分析和總結的能力缺一不可。突破各個階段的難點，實現琴瑟和鳴。

出現問題了，要知道問題出在哪，這就是分析。分析的過程就是拆分的過程，要從中找出關鍵性、決定性的因素；難點是多層次、多角度、多節點地透視和對比的能力。與分析的方向相反，總結是一個抽象的提煉過程；難點是把複雜的事情簡單化，把整個系統變成一個「按鈕」。要明白「和而不同」，在不同中找到共鳴才是真正的和諧。想要建立和諧的關係，就需要在另一個高度上更加融合。

幾年前，我所在的公司宣布併購，很多人惴惴不安地等待「第一天」的來臨。可是工作還要繼續，日子還要正常地過，人心思動對業績總是不利的。身為團隊領頭人，我做了如下分析性溝通：

任何公司都需要有人做業績。如果你能力很強，業績很出色，自然不必擔心；如果你能力不足，業績又一般，和往常一樣，你總要擔心，但也不會因為這個變化擔心更多。如果公司外面有好機會，無論是否面臨併購，你總會考慮離開；如果外面沒有好機會，也不必因為這次變動就勉強自己去接受不理想的機會。所以我建議：做好自己手邊的事，擔心就會少很多。現在和以往沒有差別。

於是，我們在公司宣佈併購的六個月裡三次更新銷售紀錄。這件事發生在二〇〇七年。**分析，就是把與問題相關的因素不停地拆分、比較，從而找出不同，再從所有的不同因素中，找出關鍵性的、決定性的因素。**就像醫學上的一些診斷方法，如X射線電腦斷層掃描（即CT），確定問題的大致部位之後，再把不同的組織截面進行比較，發現問題所在。

某次區域銷售會議上討論的主要議題是：找出下一季度的區域銷售成長點。一個合格的成長點一般有以下三個特點：

1. **可計算**。成長空間毫不模糊，可以衡量。要回答還能成長多少。設定成長的標準或差距。如果這個成長幅度不大，還可以透過放寬「目標客戶」的定義來調節。

2. **可作為**。如果一個成長機會不是我們人力可為的，不是我們可以控制的，那發現再大的成長機會也沒有意義。可作為的成長機會，要一一回答以下這些問題：能夠指導誰？用什麼方式？對多少、什麼樣的人？做些「什麼」？按照什麼樣的時間順序來做？只有回答了這些問題，才算得上「可作為」。

3. **可實現**。不能說達到這個成長還需要超出想像的條件方可實現。可實現的概念是在現有的、可以支配的資源條件下，能夠達到的成長目標。

依據這三個條件，可以循著以下幾條，找到成長機會：

現有客戶總數在各個接受「梯次」上的分布。多少人該知道我們的產品，而現在還不知道？多少人雖然知道了，但還不能接受產品的優點？多少人接受了產品的優點卻還沒有開始使用？多少人只是偶爾使用，頻率不高？多少人只是機械地使用，卻沒有感情上的偏愛？多少人偏愛我們的產品卻沒有積極地對外傳播？最後，多少客戶積極向外推廣了我們產品的概念？

重點客戶在接受「梯次」上的分布。如果說每個階梯上都分布著一些客戶，那麼每個階梯上重點客戶的比例各是多少？每個公司都對重點客戶有自己的定義。每個團隊必須保持重點客戶的定義和公司一致，才能有效地評估成長的幅度。

可能增加的目標客戶總數。在你所在的地區，現有的目標客戶是如何選擇出來的？在多少可能的目標客戶中挑選出來的？最後一次挑選是什麼時間？在此期間，市場的格局是否有了改變？是否有重新篩選目標客戶的必要？

所有競爭對手的數量總和。現有的市場總量是如何構成的？每個對手的貢獻和發展趨勢是怎樣的？此外，還可以從關鍵產品、關鍵市場的角度以及終端使用者的結構和總數上來考慮市場的整體潛力。

有業務銷售經理問，如何讓每個業務銷售代表的業績都得到提升呢？要有效回答這個問題，就必須用到分析的技巧。業績提升有兩個主要的推動力，即意願和能力。請思考如下兩個問題：

所有人都想提升嗎？不是單靠口頭說說就能過關的，還需要有具體的行為表現。為了提高業績，他們都做了什麼？對相關的客戶知識、競爭對手知識以及產品知識都掌握到了什麼程度？

所有人都能提升嗎？有的新來到公司還沒適應，有的剛剛入行還不辨東西，有的積習難改卻毫無察覺，也有的如魚得水做得上手。每個人的情況不同，業績提升能力自然也不同。

用這兩個問題把團隊分成四組，即想做也能做的、不想做也不能做的、想做卻又能力有限的、能力強卻懈怠的。讓每個人選擇自己的小組，並表現出相應的行為，以匹配自己的選擇。這就是分析的辦法。在溝通過程中，用起來很方便。

說了分析，再說總結。業務銷售經理經常需要用到總結的能力。例如把周會的不同議題總結成一個主題，把整個下午的會議總結成幾個簡單的要點，或者把不可調和的爭論在更高目標層面上統一等，都是在「總結」方面的實踐。

討論中切忌沉默

▼業務團隊管理便利貼

討論考驗的是一個人的速度，但快不等於搶。把握恰當的時機，要會聽、會說、會問。

要快速瞭解各方觀點，既要能分析又要能總結，從而形成並陳述自己的主張。困難點在於：（1）聆聽各方表達情緒，弄清楚他們的情緒、假設和出發點；（2）把握說話時機；（3）讓討論各方感受到足夠的重視，又不能讓人感覺你在和稀泥。

討論考驗的是一個人的速度，即理解、分析、總結和表達是否夠快。當然，快不等於搶，而在於把握恰當的時機。

第一，要聽。聽有四個層面：（1）聽各方發言的方向和主題的關係，聽他們的語氣、語速、音調和所選擇的關鍵字；（2）聽這些話背後的情緒；（3）聽這些主張裡所隱含的假設；（4）聽發言背後的出發點——是為了尋求理解、尋求支持、施加影響，還是要求改變？

〈我是一隻小小鳥〉這首老歌引起多少人的共鳴啊！聽聽這首歌，看看你到底能聽到什麼。首先是焦慮和擔心的情緒讓自己「總是睡不著」，渴望「一個溫暖的懷抱」，而且悲情地表白「這樣的要求算不算太高」，擔心有一天「棲上了枝頭卻成為獵人的目標」，也曾想「飛上青天」卻又擔心從此「無依無靠」。背後的假設是「我是一隻小小鳥」，而絕非展翅的雄鷹！因為「想要飛呀飛卻飛也飛不高」，表明自己嘗試過了，沒有成功，所以自己就該是「一隻小小鳥」。小看自己，怎麼都能找到理由。

如果你經常接送孩子上學，不難聽到年輕父母之間的對話：「幫兒子報了好多補習班、課輔班，兒子就是不願意去。將來競爭這麼激烈，我們怎麼能輸在起跑線上呢！」這句話背後的假設讓人不禁想問：不去補習班就等於喪失競爭優勢了嗎？父母想要的，就是孩子想要的嗎？多參加補習班，就等於有好前途嗎？這句話背後的情緒是無奈，是渴望得到理解，甚至還有某種炫耀。當然這也都是推測，還需要進一步溝通才能確認。聽話要聽音，大約就是這個意思。

第二，要說。表達你所聽到的；表達你對聽到的內容做出的分析和總結；表達你自己的傾向性和態度；表達傾向性和態度背後的邏輯。

第三，更重要的是要問。討論就是多輪互動。除了表達自己的觀點之外，還要允許別人進一步提出意見。這個時候，提問就顯得很重要。提問不但能引發新的討論方向，還能引導討論的氣氛。

有一次我參加一個產業聚會時，一些職業經理人坐在一起，七嘴八舌地評議如今醫藥代表的品質如何不如當初。其中一個業務銷售總監更是毫不掩飾他對絕大多數業務銷售代表的不滿。在一片吵雜的議論中，有人看著他問道：「什麼樣的醫藥代表才是好的？」這位總監立即接口：「業績！當然是要用業績來說話。」提問者又問：「用哪一段業績說話？是過去的、現在的還是將來的？」

這位總監不再答話。他的沉默是有道理的，過去的和現在的業績只能說一半的話，將來的業績也只能說一半，問題是將來的業績還沒有出現，誰說得準？果真如此，是不是必須承認不知道什麼樣的醫藥代表才是好的？可見，提問是能夠左右討論方向的。

在討論中，千萬不要太過沉默，沉默會讓與會者感到不自在。在那種顯得莫測高深的沉默中，別人可能覺得你厲害，或者相反。無論是哪種，你都不會是一個受歡迎的參與者。

在討論中需要注意的另一點是，不管你是領頭的還是跟隨的，都不能顯得沒有主見。**要讓人知道你的主張，即使是錯誤的也比沒有主張要強**。再說，在較長期間內，到底什麼主張更正確，還真不一定。

評論一定要鋒芒畢露

▼業務團隊管理便利貼

評論不能不痛不癢或者隔靴搔癢，一定要鋒芒畢露，直指核心。

評論是所有溝通能力的綜合。好的評論要求：（1）有透過表面直擊實質的鋒芒；（2）有透過複雜堅持方向的清醒；（3）有透過變化抓住時機的機敏；（4）有透過衝突發現和諧的智慧。

評論是被動的、反應式的溝通，就已經發生的事情，或已經說出的話進行評價。很多時候，你反應的時間並不充裕，甚至要求你即時做出反應。所以，評論比任何形式的溝通都更難。

只有熟悉描述和敘述的要點，才能聽出事實與觀點之間的差別，弄清對方組織事實的邏輯。如果你經常跟醫院不孕症門診醫生聊天，就會得出一種印象：想懷孕實在是件很不容易的事。可是，如果你經常和計畫生育門診的流產室工作人員談話，你可能就會得到相反的印象：怎麼避孕收效甚微。這就是羅列事實的邏輯偏頗。

只有掌握了分析和總結的技巧，才能在複雜事物中既洞悉幽微，又不至於迷失自己。固執與執著有什麼差別？有人說一個褒義，一個貶義；有人說固執對事，執著對人；如果你說固執於方法，執著於目標，並且用反覆撞壁的蒼蠅來解釋固執，用西天取經的故事來詮釋執著，聽眾的反應又會不同，這就是區分的厲害之處。

再看總結的運用。你問銷售人員為什麼沒有實現預期目標，他會列舉很多原因，可能從天氣到政策，從對手到我們的產品和策略等都有。可是，如果你突然打斷他的話，問他：「你是不是想說明，沒有實現預期目標是合理的？」他可能回答是或不是，可談話的方向已經完全不同了。這絕不是什麼輸贏的遊戲，而是在激發團隊的活力。

既然要評論，就不要不痛不癢，或隔靴搔癢。評論需要鋒芒畢露，直指核心。評論也是所有溝通形式裡最難的一種，當然也是最容易敷衍的一種。很多時候，出色的評論是可遇而不可求的，更像是神來之筆。每天你都應該留意周圍人的談話，試著聽這些談話背後的情緒、假設和出發點，直到形成習慣。

法則3

遠離六種溝通陷阱

培養自己的溝通習慣，就是要把自己每天聽到的話（包括自己的話）進行有效分類。分類方法越簡單，就能越快地改善溝通技巧。

離開團隊的一個同事，在外面謠傳傑克的團隊裡有潛規則，而且還讓傑克的上司聽到了，今天早上上司還問起那個同事離開的原因。傑克有些情緒，他決定找教練聊一聊。

教練：「沒有就沒有，為什麼生氣？」

傑克：「現在上頭都知道了。」

教練：「你希望怎麼樣？」

傑克：「我也不知道。如果我業績好，也不擔心什麼，問題是最近幾個月的業績不太理想，我有點擔心。」

教練：「你理解的潛規則是什麼？」

傑克：「確切的定義我說不清楚，總之就是不好的！」

教練：「有多不好？潛規則無非就是沒有寫在紙上的規則而已，任何團隊都有沒有規定的規定、沒有規則的規則。這不就是團隊文化嗎？」

傑克：「我從未這樣想過。目前我只是聽到潛規則和各種不好的事情相關。」

教練：「團隊文化也好，潛規則也好，都是中立的，關鍵看你要賦予它什麼內涵。其實，不管你承認與否，你的團隊目前的表現，就是你所賦予的團隊文化內涵。你也許有意為之，也許無意為之，事實上，你每時每刻都在塑造你的團隊文化，包括現在。」

傑克：「這太可怕了吧。你這樣說，我都不知道該怎麼說話、怎麼做事了。」

教練：「這有什麼奇怪的？管理者本來就該戰戰兢兢、如履薄冰才對。留意日常溝通中的常用詞彙、常用表情、常用動作、常給的回饋等，小心翼翼地建構並呵護自己團隊的氛圍。等到你真的能熟練地管理自己的一舉一動和內心的時候，才能隨心所欲，達到從容狀態。」

傑克：「這是不是太難了？」

教練：「你留意到，就有希望了。怕的是連這種感覺都沒有。」

日常慣用句型，能揭示人的信念和思維。而信念和思維會直接影響人的行為與習慣。團隊裡的慣用句型，就是團隊的信念和思維，這也直接預示了一個團隊的將來，更揭示了業務銷售經理的實際管理能力。

日常溝通中有六種妨礙溝通、破壞組織文化的常見句型，要避免陷入使用這六種句型所造成的溝通陷阱中，且當組織中其他成員使用時要知道該如何應對。

旁觀者句型

業務團隊管理便利貼

直接與當事人溝通，這樣才能提高溝通的品質。不要拿「大家都認為……」來當理由，你不代表民意。要說出自己的主張。

當你給一個人貼上標籤，說他只是旁觀者而不是參與者的時候，他會和你爭個面紅耳赤。可是當他說起公司應該如何如何的時候，絲毫意識不到這是旁觀者的完美詮釋，和看臺上看球的人是有差別的。

1.「公司應該……」

很多人在平時溝通的時候總是反覆提及「公司」，卻不提具體的人。例如公司應該規定好什麼，公司報銷總是怎麼怎麼樣，公司老是玩這一套，公司從來不管員工的實際情況，等。每到一個新團隊，我聽到這些話的第一反應可能是問：「公司是誰？」對這個問題的回饋有很多種。在你的一再堅持下，最後總能聽到具體的人名。然後，你要直截了當地建議對方去找當事人談話。當然，你會發現很多猶疑，甚至是抗拒，此時可以再次鼓勵：「你擔心什麼？」告訴對方，真正得罪人的是在背後溝通。只要這樣反覆幾次，溝通的品質就會有一定改變。你不妨試一試。

2.「大家都說……」

★大家都說指標高。
★大家都說獎金低。
★大家都說生意難做。

有這種口頭禪的人是在虛張聲勢，是「自覺地」站在大多數一邊，是為了讓自己的立場顯得更正義、更有力，是一種形式的虛弱。不要這樣做，因為你不代表民意。

對於這樣的行為，你應該弄清以下兩點：

★誰？多少人？
★你有什麼主張？

業務銷售管理人不要做「好好先生」。要識別團隊裡的旁觀者，讓他們無處遁形，負起責任。

急於過關者句型

▼業務團隊管理便利貼

不要說「我會盡力的」，這聽起來像是在為失敗埋下伏筆，做不好也是有理由的。也不要輕易說「我無法……」，這只會讓你陷入不利境地。最好清楚說明你會怎麼做，這樣才能讓人放心。

工作中總會有對話艱難的時候。為了盡量不觸及問題的實質，人們往往會用表示決心的方式進行搪塞，這是在用態度代替方法；另外一種就是要賴的方式，即「我沒辦法」句型，意思就是你看著辦吧。

1.「您放心，我會盡力的……」

用這樣的句型能讓上司放心？恐怕前半句「您放心」的言下之意是：（1）上司的擔心是多餘的；（2）上司的過問其實是對我的不放心、不信任。如果你真到了可以讓上司放心的水準，就用不著言語了；如果還沒有達到，這句話說了等於沒說。更何況，這個句型中還可能隱含著對上司過問的不耐煩和抱怨。

後半句「我會盡力的」也怪怪的，似乎是在表達決心，又好似前半句的注解。留給聽者兩個選擇：（1）相信你會盡力，但是可能你的能力有限；（2）不相信你能盡力。因為無論如何，沒有人能衡量你到底盡力了沒有。

所以，**最好還是說清楚你會怎麼做，才是讓別人放心的有效辦法**。當然，如果你說不清楚，就更不要用前面的句型了。

反過來說，在這之前你盡力了嗎？如果是，為什麼你現在還是這個水準？如果以前沒有盡力，又是為什麼呢？為什麼接下來你會盡力？

2.「我沒辦法……」

業務銷售經理在溝通中常遇到的另一種句型是「我沒辦法怎樣怎樣」。例如「這樣的預算我沒辦法做」「這樣的指標我沒辦法做」「這樣的天氣、規定、政策……我沒辦法做」等。聽者通常的反應是：

★是你沒辦法，還是尚未找到辦法？

★是你沒辦法，還是你認為其他人也沒辦法？

如果是第一種，那就趕緊去找辦法吧。如果是第二種，又有兩個選擇：（1）選擇相信你的說法，那麼可能取消這項計畫或任務——往往連人也一起取消了；（2）不甘心，選擇不相信你的說法，那是不是就換一個人再試試？

所以，哪種選項都不是你想要的。業務銷售經理要識別團隊中那些急於過關者，並介紹給整個團隊認識。

撇清責任者句型

業務團隊管理便利貼

責任並非負擔，還可能是成功的機會。要敢於承擔責任。出了問題，就把自己撇得一乾二淨的做法十分要不得。

不管是有意還是無意，你會發現在實際工作中有太多「這不怪我」的句型，把自己的責任撇得乾乾淨淨，站得遠遠的。口口聲聲說要問責，其實是在問別人的責，而不是自己的。那自己的責任在哪呢？這種行為有時候表現在責怪別人，有時候也表現在怪自己的命運、性格，甚至能力。而真正要責怪的，其實是自己的內心。

1.「這不是我的責任……」

聽得出「這不是我的責任」這句話背後的潛臺詞嗎？似乎認為責任不是什麼好東西，所以應該離它越遠越好。當然，撇清責任是一種本能反應，是一種自我保護行為。

然而，我們又是要求別人負起責任的高手。

傳說通往阿爾卑斯山有一條湍急的河流，每個通過這條河流的人都能成為神仙。很多嘗試通過的人都被激流沖走，無功而返。最終，還是有一個人成功通過了。別人問他成功的辦法，他說很簡單，只要背起那塊巨石穩住身體就能過去了。問題是很多人都視巨石為負擔，而非成功的機會。責任也是一樣的道理。所以請負起責任。

2.「我們這些人就是不會說……」

沒錯，光說不練的人讓人生厭，但這不是「不說」的理由，你可以選擇不說，但是你不能不會說。從某種意義上說，不會說的人也未必會做，而不會做的人也不可能真正會說。

你可以不想說，不屑說，就是不能不會說。如果你不會說，也不要指責會說的。第一，使用這種句型的人要留意「我們」這兩個字。問他：「除了你自己不會說，你還指誰？」第二，當你說「不會說」的時候，其實你說得很好。你或許在暗示你是腳踏實地做事的人，不同於那些只是坐在那寫報告或到處炫耀自己功勞的人。當然，你也可以辯解：「胡說！我是在實事求是地檢討自己的不足。」哦，要是那樣的話，請問這樣的句型你已經使用過多少遍了？在第一次說了這句話之後，你又採取了什麼措施來改進自己「說」的技巧？你可能又會說：「我不想成為只會說的人，也不想提高什麼說的技巧，有這個時間還不如做點什麼呢。」

留意到自己在說什麼了嗎？既然如此，又何必上千次地重複這個句型呢？團隊中那些沒有擔當的人，讓他們自動現形吧。

離心離德者句型

業務團隊管理便利貼

自己工作的重要性次序要與上司一致，否則就是在做無謂的忙碌，既累又沒有成果。

當你說「我沒時間」的時候，說明你的重要性次序和上司的不一致，也許有人認為這是小問題，實際上這個問題很嚴重。如果經過努力，仍然不能與公司高層管理者的重要性次序協調一致，不如趁早出局。當自己的價值觀與公司一致的時候，你就會找到努力工作的意義，不會覺得累，即使很累也不會抱怨，因為這是值得的。既然是值得的，也就不會發出「幹嘛這麼累」的感歎了。

1. 「我沒時間……」

沒時間做某事更準確的表述是：「某事」不重要，起碼沒有我手頭正在忙的事重要。問題是你在忙什麼？更重要的是你貢獻了什麼？衡量你的貢獻的不是「苦勞」，而是對於別人的價值。從上級主管（對內）和從客戶（對外）兩個角度來看，你的產出才是真正的產出。

忙碌不等於你就有緊迫感，區分的辦法是檢視那些推動你忙碌的力量：究竟是焦慮、是沮喪、是憤怒，還是志在必得的目標？

如果因為忙碌，沒有去做自己認為重要的事情；如果因為忙碌，來不及去做成功必須做的事情，這就是最不划算的忙碌了。所以，當你發現自己很忙的時候，就需要留意了：不要忙著遠離成功。

閒下來！少可能就是多，小可能就是大。

2.「幹嘛這麼累呢？」

很多年前，我看到一位同事在上司面前很放鬆，對待主管的架勢像對待老同學一樣，就找機會跟他說：「主管就是主管，不管對方讓你多放鬆，他還是主管。」

「幹嘛這麼累呢？」這是他的回應，頗不以為然。當時我也說服不了他，雖然心裡仍然認為上司和同學、朋友不一樣。沒過多久，可以料想得到他和上司的溝通出現問題，繼而很痛苦，當然也很累。平時工作，當沒有人催促，沒有截止日期，能讓自己不累的時候，很多人果真就選擇不累。「幹嘛這麼累呢？」可是，結果是你可能會更累。成功是挺累人的，但不成功更累人，這就是生活。所以，幹嘛這麼累呢？原因就在這。

妄自菲薄者句型

▼業務團隊管理便利貼

永遠不要輕看自己，信心和智慧足以讓我們獲得成功。不要忘掉或者混淆自己的角色，人只有在自己的角色裡才能真正履行職責。

智慧的人總會覺得充足，覺得不足就是不智。差別不在於條件多寡，而在於如何看待這些資源。那些總覺得人家條件好過自己的人，走進對方陣營之後仍覺得不夠。

1.「人家有更好的產品，更多的費用，更大的名氣……」

這是典型的不把自己當回事的妄自菲薄類型。

我們擁有的東西足夠讓我們追求成功，這就是信心和智慧。有了這些才能夠看清我們所擁有的資源和價值，才會知道如何利用這些資源去獲得成功。

2.「你說的道理我都懂，可是……」

這樣的句型通常出現在規勸的對話中，如果出現在績效面談中則可能會變成「你說的我都知道，可是我的市場情況不一樣」，或者演變成沉默者的內心對白「這誰不知道？我要是像你這樣的大主管也會這麼說」。這是對方說得對的時候，如果人家說得不對，你大約還要辯解一番。這樣一來，一不留神就把自己放到不同的目標當中去了——贏得辯論，還是有效地解決問題？

不妨這樣問，既然道理懂了，那是什麼阻止你解決問題？是什麼阻止你取得成功？市場情況不同的因素究竟是什麼？你通常不會發現市場有什麼特別，而只是心理上覺得特別。心理上的特別，也不是什麼困難，而是角色混亂導致的。

理性告訴你，兩個下屬當中必須有一人離開，你也知道誰該離開，可還是覺得很為難，遲遲做不了決定。這時，你的確「什麼都懂」，你不懂的是角色和使命是必須相匹配的。使你為難的不是「經理」，而是「朋友」。做一件事，不能混淆不同的角色。除非辭職不幹，不然人就必須在自己的角色裡履行自己的職責。

而且，你未曾留意的是，你在猶豫當中已經做了果斷的決定：我決定不履行自己的角色使命。事情結束了。「可是，」你大聲說，「我還在考慮。」那請問：什麼時候做決定？沒有答案。不要看輕自己，也不要混淆自己的角色。

畫地為牢者句型

業務團隊管理便利貼

你可以選擇低調，但是必須擁有可以高調的本事。簡單都是從複雜來的，要學會複雜才配談簡單。

頂著「低調」的帽子，拿著「踏實」為藉口，以為「埋頭做事」就算盡力，本著「與世無爭」就能自保。這看似明智，實為懶惰。庸碌一生，才是最大的風險。

★我說話很直。
★我為人很低調。
★我很簡單。
★我從來就不是那種使壞的人。
★我討厭搞人際關係，討厭辦公室政治。

直來直去當然是一種有效的表達方式；低調不張揚也的確可以彰顯務實的作風；簡單明快突出了效率；不使壞不為惡，清清白白，坦坦蕩蕩當然是我們喜歡的個性。

凡事如果這麼明顯，自然也就不必言說。正是因為這些素質難以被看見，才要處處表現自己。經常這麼說，時間長了，如果連自己都相信自己擁有那些其實尚未具備的東西，就會顯得很滑稽。

要想真正具備這些素質，沒有特殊辦法。要知道，這些素質只是一種選擇，不是一個人唯一的行為方式。例如說話直接的人，除了直截了當，如果沒有別的選擇，那可能就不是直，而是粗魯，是僵化，是笨拙。同樣，不能高調的人，也談不上什麼低調。沒有高調的本事，低調只是無奈的選擇，也可能是懦弱的外衣。

任何「簡單」都是從複雜來的，要先學會複雜才配談簡單。一個簡單的感冒診斷，可能是經過了很複雜的思考過程，排除了十多種其他可能性的結果。

人人都喜歡好人，但是討人喜歡未必會贏來尊重和合作。所以，你是否擁有破壞力是一回事，使不使用破壞力又是另一回事。同樣的邏輯也適用於辦公室政治，你參不參與辦公室政治是一回事，你會不會在政治鬥爭中成為犧牲品又是另一回事。

法則 4

必要時，越級溝通

越級溝通是必要的。聽聽高層的聲音，傳達一線的第一手資訊，互相開闊眼界、成長見識，從而引發連續不斷的創新，才是一個組織應有的活力。

傑克深有體會，業績好的時候，巴不得在大會小會上都遇到高層主管。他們關心的無非是業績，而這是最客觀也是最容易說的。可是業績不好的時候，在碰到高層主管，被對方得知你業績不佳的時候，該說什麼呀？怕什麼來什麼，周期會上就與香港來的那位分公司總經理不期而遇。「嗨，傑克，好久不見！最近業績怎麼樣？」傑克只好笑笑地說：「還好。」「還好？還是不好？」傑克只好說：「不太好。」「那是為什麼呢？」

傑克的頭腦裡瞬間閃過無數答案，也交替閃過自己的上司和這位高層的不同面孔，竟一時語塞。結果，這位高層發問了。

「費用不夠嗎？」

「不是。」

「新的獎金系統不夠激勵？」

「不是。」

「那是指標定得不合理囉？」

「指標確實不低，但也是可以完成的，是我們做得不好。」

「哈哈，好好幹，小夥子！」

分公司總經理拍拍傑克的肩膀，終於走開了。但他的背影深深地刻在傑克的腦海裡。不是他的形象太帥氣，而是傑克怪自己之前沒有準備好。

越級溝通提升組織活力

▼業務團隊管理便利貼

為了維持組織的高效，應時常越級溝通，開闊眼界。但在此之前，一定要確認你與被越過的主管之間有沒有信任。

如果你的越級主管主動和你溝通，你的心情和應對方式會不會因為直屬上司的在場與否而有所不同？如果你找到機會和越級主管溝通了，會不會在是否需要向直屬上司彙報這個問題上猶豫不決？如果你的回答是「看溝通的具體內容」，那什麼樣的內容是可以的，什麼樣的內容又是忌諱的呢？什麼是區分正常的越級溝通和不正常的越級彙報之間關係的分水嶺？

越級彙報無疑會降低管理效率，是不允許的，但越級溝通則不同。越級溝通是必要的。聽聽高層的聲音，傳達一線的第一手資訊，互相開闊眼界、成長見識，從而引發連續不斷的創新，才是一個組織應有的活力。

所謂越級，有**向上越級**和**向下越級**兩個方向。只要是跨過直屬部下或直屬上級，就是這裡講的越級。人們平時總是忌諱越級溝通，是因為這種溝通特別容易和投訴、越權等敏感動作攪和在一起。事實上，**不同層級的人因為自己所在位置和角度的不同，對同一件事的看法也會不同，這種不同可能會為組織注入更多的活力**。

主動發起越級溝通的人，不管自己的理由多充分和合理，被越過的人的解讀和感受可能完全是另一回事。其中最關鍵的就在於有沒有信任。沒有信任，理由再多也是枉然；有了信任，有沒有充分的理由，關係都不大。

不管主動越級溝通的是上級還是下級，也不管你內心的理由是什麼，都要先問問自己，被越過的主管和你之間究竟有沒有信任。如果沒有，這種越級的行為只有一個「解釋」，對下級主管而言就是投訴，而對上級主管而言就是越權。

應當說，越級溝通唯一正當的理由是維持組織的高效，從第一手資料當中，發現管理的蛛絲馬跡，找到改進或改變的機會。其背後的假設是：同一個資訊，從不同的角度可能有不同的價值。聽說沃爾瑪的老闆有巡店的習慣，他巡店是為了檢查？檢查是店長或當地負責人的責任。那巡店是為了給予幫助指導？全球那麼多店，這樣指導起來效率能有多高？顯然，這些都不是他巡店的理由。

有高層經理在場時，團隊成員的一句簡單回饋，例如團隊負責的「產品太多」，可能會引發高層管理對現存組織構架的思考和調整，也可能導致獎金制度的改變；團隊成員不經意間分享的競爭對手資訊，也可能引發一場全國範圍的系列活動；你無意間點評的哪位銷售人員的業績，也許就催生了青年管理才俊，而你也可能變成備受尊敬的伯樂。

反過來，與高層經理溝通之後，也許那些百思不解、冗長而抽象的公司願景、目標和價值觀，或許就會變得鮮活而通透；那些枯燥無趣、流於形式的月度彙報也許從此就會變得意義非凡；而對那些看似無用的技巧，你也許就會找到妙用的門徑。

越級彙報降低組織效率

▼業務團隊管理便利貼

越級彙報會降低組織效率，是管理大忌。因為越級彙報將干擾被越級人員的管理效力，也是對整個組織架構的挑戰，非常不明智。

越級彙報最大的壞處就是降低組織效率。拿人體來說，管理心跳的並非來自大腦皮層的意識，而是非意識層面的交感與副交感神經系統。如果由大腦意識直接指揮心跳的速度，不但很累，而且容易出錯。

不要越級彙報，可什麼算是越級彙報呢？界限非常模糊。不能越級的彙報，這裡特指只能和直屬上級進行的特別溝通形式，尤指那些行政事務方面的溝通，例如申請休假、外出、出差、預算、指標、報銷、活動、月報告、招聘、晉升、薪資調整等日常管理中瑣碎而必要的事務。

越級彙報是管理的大忌，因為這將干擾被越級人員的管理效力，也是對整個組織架構的挑戰，是非常不明智的。有序，是組織效率的保證，如果凡事都越級處理，就打亂了溝通的秩序。這樣一來，每個位置，包括越級的和被越級的，都會覺得自己的資訊不完整，該行動時不敢行動，不該行動時又可能莽動。

舉例來說，市場部負責資料分發的助理，聽市場部總監說要撤回舊版的宣傳資料，可是沒有收到直屬上級——產品經理的正式通知，所以遲遲沒有行動。而此時，身為這位助理直屬上級的產品經理，因為自己的上司已經和團隊傳遞了資訊，也沒有再次強調，所以資料收回的行動就沒有得到即時落實。在這件拖延案例中，誰有過錯，或者誰沒有過錯呢？

再例如，沒有足夠的預算，促銷行動不能貿然進行，可直屬上司又「不作為」，於是緊急找到上司的上司，順利批了預算下來。直屬上司不在，有事需要請假，結果找到了上司的上司，說明了情況，於是請假得到批准，但自己的直屬上司並不知道，以為事情還在自己預想的掌控當中，其間如果出現什麼差錯是毫不奇怪的。

隨時為越級溝通做好準備

▼業務團隊管理便利貼

越級溝通可能發生在任何時間、任何場合，所以要隨時準備好自己的主張。這是有效溝通的不二法門。

身為一線管理人員，要習慣高層主管的「不恥下問」「親切垂詢」，更要隨時準備、主動溝通。有效的越級溝通不但不用擔心直屬上司的不滿，還可能為上司臉上「貼金」。畢竟，強將手下無弱兵也是一句至理名言。

如今，通訊技術越來越發達，溝通的方式越來越多樣。社交網站、私人通信，實名匿名的溝通方式，豐富的資訊管道，都會使資訊傳遞變得有趣且高效。

溝通地點有可能是精心設計的封閉場所，也有可能是咖啡機旁邊；可能是行銷銷售的活動現場，也可能是定期召開的會議上；可能在走廊，也可能在電梯；可能在吸菸區，也可能在酒席場；可能在即時通訊上問答，也可能在社群媒體上互相關注。

總之，**越級溝通可能發生在任何場合，只有你想不到的，沒有不能發生的。你必須在任何和客戶可能相遇的地方，隨時準備好傳達你的主張，這是有效溝通的不二法門。**這並不是不相信世界上存在急智，而是已經進入潛意識的思維定式更可靠。

多年前，有一次我在辦公室裡和培訓經理談話，當時的總經理經過辦公室門口，「順便」問了一句銷售情況。從總體銷售額到重點產品的銷售，從月度銷售額到季度銷售額，從實際銷售額到預測銷售額，從指標達成到同期成長，再到市場占比的變化，從對亞太地區的貢獻趨勢到各大區的動態變化，這樣的互動持續了近半個小時。結束後，在場的培訓經理很詫異地問：「你平時都要把這些全部記住嗎？」當然，這是在自己主管範圍內的工作，為什麼不記住？

不該越級的要堅決制止

業務團隊管理便利貼

越級溝通值得鼓勵，但也絕非事事皆可。為了保證管理的效果，不該越級的要堅決制止。

如果你準備下周休假，向直屬上級申請比較恰當，如果向更上級的主管申請，就是越級彙報了。當然，明智的上級主管也絕對不會處理這種越級申請。如果你在管理當中，有管理技術方面的困惑，或者對公司戰略有不同理解，這是他們樂意傾聽的，是值得鼓勵的；如果你覺得費用不夠，直接向更上級申請，那麼你就越級了；如果你在員工的選拔任用和培訓等方面有自己的想法，這是很好的溝通機會；如果你對「使用誰、解聘誰」越級徵求意見，就又走過了頭。

職場中，各個團隊同事之間、上下級之間，枝葉相連盤根錯節，所謂「做好自己的事情」無非是不溝通的藉口而已，現實工作中很難做到。

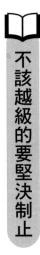

申請休假與出差、討論預算和指標，皆屬於彙報範圍，不可越級；探討教練與輔導、切磋管理和戰略，不屬於越級彙報，鼓勵越級。

曾聽說一位「很有本事」的業務銷售經理，經常能憑藉她出色的英文直接和更上級的主管溝通，也「成功地」改掉了好幾個季度的銷售指標，讓她的直屬上司——當時的全國業務銷售經理很是為難。因為語言和文化的差異，這位全國業務銷售經理「忍氣吞聲」地做著自己的工作。這已經不光是哪一位業務銷售經理的問題了，每一位都有問題。這種越級當然是要被制止的，制止的力量很簡單，就是想一想，你到底要不要管理效果了？

保護越級溝通的管道

業務團隊管理便利貼

良好的越級溝通環境是需要小心呵護的，一旦破壞了規則，則可能瞬間失去這種環境。

無論和更高階的上司溝通了什麼，一定要記住，這是要向自己的直屬上司彙報的，不要保留。對於有些內容，記些筆記是很有必要的，防止忘記。

傑克與分公司總經理關於獎金的對話，其實很敏感。業務銷售經理的做法顯然有違規之嫌，而且一定不是個案。如果這位總經理在和業務銷售經理溝通之後直接找到他的直屬主管，後果堪憂。如果替他守著這個「祕密」，是不是又有包庇之嫌？

要解決這個問題，就看自己究竟需要什麼。你需要這樣的「越級溝通」環境，就要小心翼翼地呵護這個環境的安全，不然瞬間即會失去。和破壞這種溝通的管道相比，需要更有創造性地使用自己所獲得的資訊。

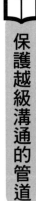

每到一個職位上，我都會這樣坦誠地要求團隊：「你們每個人都可以自由地和我的上司直接溝通，不管是被動的還是主動的，因為他們每個人都是公司的主要資源，值得充分使用。但我的要求是，你們在溝通之後要及時給我一個完整的簡報，投訴除外。」

Part 3

強化業績7法則

法則 1

把目標「銷售」給團隊

壓力是怎麼產生的？有人說目標高、任務重。錯！目標任務要是真高到重到無法完成，就沒壓力了！恰恰是因為有完成的希望才有了壓力。

隨著業績瓶頸的出現，目標也越來越難分配。傑克發現，最難的有兩個部分，一是原來正在銷售的市場因為招標問題，或醫院嚴格執行「一品兩規」政策[1]，失去了「准入」資格，那這部分市場的目標還算不算？已經分配的目標要不要取消？還沒有分的目標是不是還要分？二是計畫進入的市場，不是這個市場正在招標，就是團隊正計畫把產品列入這家醫院，可是准入的時間確實不能確定，那麼這部分市場究竟應不應該分配業績目標？

傑克以前不是沒有遇到過這些問題，但多是偶然發生，而且當時快速成長的銷售業績也掩蓋了這些問題的嚴重性。可現在，這些問題一次次擺到自己的面前。假裝不知道是不行的，誰都知道他銷售經驗豐富，誰都知道他能理解這個問題的嚴重性，而且團隊裡除了他，沒有任何人有資格回答這個問題。傑克應該怎麼辦？

1 中國衛生部法律規定，同一通用名稱藥品的品種，注射劑型和服口劑型各不得超過兩種。

目標並非越高越好

▼業務團隊管理便利貼

目標的壓力只在一個範圍內有效，超出這個範圍，實際銷售成績會不增反降。業務銷售經理在目標管理中的一個重要任務，就是找出並調節有效目標「範圍」的上限。

每個公司的獎勵制度可能都不一樣，但目標達成率是較為普遍的一個獎項。那麼，在銷量相對固定的情況下，目標越高，達成率可能越低，銷售人員能拿到的獎金就越少。這就把經理人和銷售人員推向利益的對立面，即經理給銷售人員定的目標高，就相當於從下屬的口袋裡掏錢。

我曾在一次聚會上遇到一位從經理人位置上成功轉型的老闆。他言語之間對於再也不需要接受老闆的目標而頗感輕鬆，但是口氣一轉，又感歎人心不古，抱怨團隊不像自己當初那樣堅決地接受公司的目標。有人就看不過去，挑戰說：「你當初那麼討厭目標，為什麼自己還要給團隊定目標？」老闆堅持說：「團隊不逼是不行的。」一個人這麼看待目標，也就不難想像他和團隊討論目標的「熱烈」氛圍了。

有人說過：「最好是不要給我目標。我保證，你就是不給，我也會認真做，絕不偷懶。而且，因為沒有干擾，我還可以輕裝上陣，做得更好。」

我有過一次經驗，在這裡和大家分享一下。我負責的銷售團隊裡，一個主要產品的銷售業績很不錯，高興之際，大家提議獎勵一下。當然，獎金制度是不能輕易更改的，流程很長，沒有什麼激勵作用。於是就有人提議，是不是能在接下來的兩個月裡不設目標？沒怎麼細想，我也就答應了。結果不言自明：那次獎勵「創造」了有史以來最低的銷售紀錄。

也有人提過這樣的命題：如果沒有時間限制，人會做成的事情是更多，還是更少？回答這個問題也很簡單：「多少事，從來急；天地轉，光陰迫。一萬年太久，只爭朝夕。」**有時間限制的業績，就是目標的本質**。

目標存在的合理性是不容置疑的。但是目標的有效性如何管理？

目標肯定不是越高越好，也不是越低越好。目標的存在，只有一個意義，就是實際完成更多業績。問題是，如何有效地證明目標的有效性？很難，只能說，在一定範圍內，目標越高，實際銷量也會越高；超出了這個範圍，目標越高，實際銷量反而會越少。可是，這個「範圍」在哪兒？這個「範圍」是不是可變的？

曾經遇過一位銷售總監，他特別信奉高目標的力量。每一季，他最大的興趣就是給銷售團隊一個高標。一旦被團隊接受，他就高高興興地向自己的老闆報喜。團隊裡有人跟他吵：「目標越高，實際銷量就越高嗎？」可是，他並不理會。

開始兩個季度很有效，實際成長果然驚人，他成了老闆眼中的英雄。再後來，團隊銷售業績就到達一個高峰，再後來竟然急轉直下，因為越來越多的人因為「搆不到」最低底線而索性放棄。問題是，目標的最高耐受點到底在哪裡？這個點是可變的嗎？業務銷售經理在目標管理中的一個重要任務，就是**找出並調節有效目標「範圍」的上限**。

討論目標不是簡單的討價還價

▼業務團隊管理便利貼

不要透過證明團隊或市場的潛力不行來否定老闆的目標，而是要透過證明自己對市場的掌握和信心，讓上級接受一個更合理的目標。

確認目標討論的餘地。並非所有目標都有空間來討價還價，也不要試圖以資源支持不合理來變相降低目標。在討論的時候，要展現自己對市場的瞭解，並側重成長的機會。理解業績目標的基本含義，並表現出願意用這一有力工具，管理團隊的最大產出以及可持續產出。

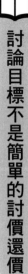

有時候，業績目標是高階主管下達的，你也許根本沒機會和直屬上級討論。要防止這種情況出現，你需要提前主動和上級溝通。最起碼，你要讓上級相信，維持這樣的高標不改，可能會對團隊造成損失。

一旦有機會溝通，就要迅速確定溝通的目的，即在實現銷量最大化的目標上達成共識，讓雙方都意識到，任何低於或高於這個數字的目標都可能降低團隊的實際銷售業績。由此說來，和上級主管討論目標，需要超越心態上的積極與消極，並不是簡單的討價還價。

和上級主管討論目標的方向有兩個：（1）希望目標更低；（2）希望目標更高。這兩者都是有道理的。團隊目標低，給銷售團隊的好處自不必說，那是種一切盡在掌握的狀態。高標又有什麼好處呢？這就需要勇氣去挖掘了，最明顯的好處是先期投入的機會。但是，**無論主張目標高些還是低些，都不要試圖用降低上級對自己和團隊的信心來實現。**

業務銷售經理常常懷著矛盾心理，一方面希望上級看重自己，另一方面又擔心因此而加重肩上的任務。這種擔心有沒有道理？與其揣摩上級，還不如直接問自己：「我身為業務銷售經理，會不會不合理地增加團隊裡優秀員工的目標？」恐怕不但不會，你還會忙不迭地保護他們的主動積極，透過各種辦法來激勵他們吧？當然，實際情況是他們的目標的確會比其他人高一些，不過高出的部分一定不會不合理，對嗎？

珍惜每一次和上級談話的機會，不要以為上級像你一樣對你的市場情況瞭若指掌。

充分展示你對自己管轄範圍內市場情況的瞭解，側重於機會、風險等可管理的部分。對於不能改變的，不管是機會還是風險，都不必闡述太多。讓你的上級看到真相，從而相信你的新主張，是對整個團隊負責任的標誌。

調整的不是目標，而是對目標的感受

業務團隊管理便利貼

用討論、培訓及激勵來刺激團隊的舒適區和極限區的調整，慢慢改變團隊對於目標的感受。

業績目標是一個管理工具，這點毋庸置疑。如何使用這一工具是業務銷售經理的職責。目標是「表」是「標」，管理市場、管理客戶、管理資源的使用才是「根」是「本」。不要把目標討論當成菜市場上的相互「壓價」。

如果說和上級主管就目標進行溝通是一種信心的傳遞，那麼和團隊溝通目標更是一種信心的傳遞。什麼樣的目標是高？什麼樣的目標是低？每個人都會有不同的判斷，同一個人在不同的階段，對同一業績目標的感受也不同。這和開車是一樣的，剛開車的時候，同樣的路況車況，八十公里的速度也會覺得很快，熟練了以後一百二十公里也不覺得快。這說明，每個人對速度的快慢感受是不同的。銷售經理和團隊成員在就目標進行溝通的時候，就是要以這些感受為起點，弄清楚這些感受背後的事實真相，從而調節對目標高低的感受。

問題往往不在目標本身，而在於對目標的看法。優秀經理人在分配業績目標的時候，總是會精心營造出一種討論氛圍。在這個氛圍裡，你會充分體會自己已經擁有的改變市場格局的實力以及繼續改變市場的信心；團隊深深沉浸在市場、客戶、對手和業績的事實中，而不是猜想的恐懼裡。在這個以事實為依據的溝通氛圍裡，沒有人說「不可能」。因為說「不可能」需要的依據，比說「可能」難得多。

在這個講究「知己知彼」的氛圍裡，有明確的市場分析、未滿足的市場需求以及需要改變的客戶行為；競爭對手不會被誇大，客戶將被恢復原貌。結論變得很明確：很多方法需要熟練，很多資源還沒有充分使用，市場空檔很多，總之，我們可以做到更多。這在一定程度上再造了團隊的「舒適區」和「極限區」。

除此而外，不斷培訓加上清晰的激勵手段，也能刺激團隊的舒適區和極限區的調整。所謂「重賞之下必有勇夫」大概就是這個道理吧。人在不同的狀態下，對目標的感受都會有不同，原本高不可攀的目標，也會隨著對市場、產品以及對手的深入瞭解和掌握而有所改變。

讓目標設定成為一次檢驗

▼業務團隊管理便利貼

讓每一次的目標設定，都變成一次對客戶、對手、產品知識以及市場策略的檢驗，業績面談就會逐漸變成團隊的常規管理活動。目標這個話題將會變得不再那麼敏感，指標設定也就不再那麼為難。

業務銷售經理要求銷售團隊把產品銷售給客戶，就應該要求自己把業績目標銷售給團隊。當然，你可以繼續採取沒有商量的強硬態度，或表現出無能為力的示弱態度。示弱和示強沒有本質的區別，反正都是沒得商量。而銷售，就要遵循平日裡自己「鼓吹」的那些銷售方法，把它們用在實際工作中。這是對團隊的尊重，更是對自己的尊重。

首先，要確認一點，目標永遠是一個可以討論的問題，不管你在上級經理那裡有沒有討論的餘地。理想情況下，業務銷售經理要和每個團隊成員討論目標。

其次，每次討論目標都要和銷售人員約定時間、地點和明確的話題，確保討論期間不受計畫之外的任何干擾。

再次，業務銷售經理可以提一個百試不爽的問題：你會給自己設多少目標？通常，一個比較有效的目標設定辦法是讓每個人自己設定目標，不管他們設定的目標是多少！

最後，一個重要的步驟就是澄清目標設定的依據，從而有機會展開討論。一旦深入探討他們的客戶情況、產品用量和市場潛力的關係、資源使用情況和依據等話題，目標就變成一個檢驗銷售代表的客戶知識、市場知識、對手知識、產品知識以及對戰略理解的話題。

讓每一次的目標設定，都變成一次對客戶、對手、產品知識以及市場策略的檢驗，業績面談就會逐漸變成團隊的常規管理活動，目標這個話題將會變得不再那麼敏感，目標設定也就不再那麼為難。

回顧過去幾個考核周期的目標達成情況，留意以下情況是怎樣發生的：第一，銷售貢獻率高，目標達成率低；第二，銷售貢獻率低，但目標達成率高；第三，銷售貢獻率高，目標達成率也高；第四，目標很高，實際銷售額低得離譜。第一種情況，可能會傷害當事人的積極性；第二及第三種情況，可能對其他人造成不公平；第四種情況可能顯示出目標認識和目標分配技術的問題。

法則 2

別把業績預估當數字遊戲

銷售人員厲害的不是已經取得的業績，而是預估下一步的業績；實際上也不是那些預估的數字，而是數字背後的假設。沒有人真正討論數字，都是在討論你的假設。

傑克開了這麼多年的周會，先是參與，後來主持。他發現到一個現象：如果上司著急，團隊不急，多半這個上司就要走人了；如果上司不急，團隊急，上司的位置會坐得穩穩當當。反過來，上司與下屬都急，或都不急，這種現象不常有，即使有，也是過渡期，很快會轉入前面兩種情況當中的一種。

所以，傑克早就掌握一套讓團隊緊張起來的辦法，他對每個周會還是充滿期待的。只是最近團隊好像嗅到什麼一樣，會上總有人用安靜的目光搜尋傑克內心的想法。這讓傑克不惜動用小團隊的力量來營造會議上的氣氛。

銷售業績是會議上的常設話題。銷售人員當然離不開業績。不必擔心團隊太緊張會有什麼問題，哪個公司不是這樣呢？偶爾和同事聊天，這一點很容易證實，哪兒都一樣。

統一計量單位是基本要求

業務團隊管理便利貼

對於每一個環節的銷售，要做到準確預測需要考慮的因素都不同。所以，在讓銷售團隊做預測時，首先就要說明是什麼環節的銷售。統一銷售的計量單位是預測銷售最基本的要求。

判斷銷售預測的標準，就是準確性。這對生產管理、進出口以及供應鏈各個環節的有效管理，都是至關重要的。影響銷售預測的因素有很多，如人為因素、市場需求與競爭環境、政策變化、季節變化等。其中人為因素是管理的重點。

很少有人不「討厭」做銷售預測，也很少有領導者不要求做銷售預測。銷售預測是一個重要的管理手段，圍繞銷售預測，團隊中關於市場的各種思路、種種真相也會暴露無遺。有人因為超出預測而雀躍，有人為沒有達到銷售預測而苦苦尋找理由，更多的人還會為下一次的預測忐忑不安。銷售預測到底是什麼，讓這麼多人為之神傷？

銷售的發生有很多環節：從收到訂單，到生產活動發生或結束，到開發票、發貨、收款，再到下一級經銷商，到使用者等，每個環節都可以定義為銷售，而且都有不同的價值和作用。**作為銷售預測的第一步，我們需要確認到底在哪一個環節的數字才是銷售**。

如果不問，一家公司可能上下都知道銷售業績是什麼意思。但「銷售」究竟是什麼環節的銷售？發生在進出口環節的銷售或出廠的銷售算是銷售，這是「公司」的銷售業績，和公司開出的發票是一致的，這個銷售量往往不能完全反映市場的需求，尤其是短期需求，但卻是公司計算盈虧需要的準確數字。

所有終端客戶（如醫院）的進貨量，也算是「銷售」，這個數字在一定程度上反映了終端的實際需求，尤其是短期需求，是展現銷售團隊工作的「效果」數字，往往也是用來計算獎金的數字。這個數字的準確性需要反覆核實。

終端使用者的購買量也算是「銷售」的一種。這個環節的銷售更為準確地反映市場的需求，尤其是短期需求。只是這個數字更不容易核實，因為在目前的市場情況下，這個數字的來源並不固定，相對比較零散。在團隊討論的時候，這個數字方便用來參照客戶管理的動態情況。

更有甚者，有的公司只把匯款當「銷售」，沒有到手的發貨通通不算銷售，也不算業績。這樣定義的「銷售」，不但考慮了市場需求，還與市場上的庫存、開票的日期、產品的有效期以及客戶單位的匯款習慣相關。

重要的是，公司裡不同團隊、不同級別的人對「銷售」的定義可能不同。高層主管需要每個月向上一級單位彙報，很可能是以公司的開票數字為準，即發生在進出口環節或出廠時的銷售。這個銷售額雖然不高，但銷售未必不好，因為這個數字實際反映的是市場需求和庫存兩個指標的情況。所以，如果有公司高層問你銷售如何時，你說的情況可能和他的印象不符，但你們倆可能都是對的。中層主管向你問起銷售，可能就未必是公司層面的銷售，而是銷售的整體情況，或整體趨勢。除非問及具體的產品，你回答所有產品的總體業績可能更容易擊中問題的要害。公司的財務可能不關心你銷售了多少，而是關心你收回了多少款。所以業務銷售經理在說「銷售」時必須留意，對方想知道的是以上「銷售」環節的哪一個。

對於每一個環節的銷售，要做到準確預測，需要考慮的因素都不同。所以，讓銷售團隊做預測時，首先就要說明是什麼環節的銷售。

統一銷售的計量單位同樣也很重要。以醫藥銷售為例，如果是盒數或支數，就要明確定義產品的規格，不同含量的片、粒、支、盒或箱等情況都要仔細說明；如果是用金額，則更要定義價格、幣種以及單位等。如果你的團隊做的是單一產品銷售，這個問題的重要程度可能並不明顯；但對於多產品管理的銷售團隊來說，說清楚銷售預測的計量單位就非常關鍵，不然團隊報上來的數字很可能令人匪夷所思。

記得多年前，我剛接手一個銷售團隊的時候，收到他們報上來的銷售預測是用盒數作為計量單位，但是什麼產品卻不知道。找一個人來問：「這是哪個產品的銷售預測？」答曰：「三個產品的。」可是，這三個產品的成分不同，盒裡所裝藥物的粒數不同，成本不同，市場價格也不同，為什麼要相加呢？而且還一直都是這麼做的。我想理由只有一個，那就是習慣。但這樣的預測能用來做什麼呢？

費事一點的做法，也是必要的做法，是每個產品都要做一個預測，或以支數，或以盒數，甚至以粒數計量。根據每個產品的數量以及各自的考核價，算出每個產品的銷售額，這是可以相加的。每個產品價值的相加，就得出了每個人的銷售額。

問題還在於「考核價」的統一。有的公司為每個產品都設有一個全國統一考核價，有的公司就不設。不設考核價的理由很簡單：每個地方的產品價格不同，要求的利潤率也不一樣，這可能導致供應價或開票價的不同。

總的來說，用數量（例如支數、盒數、粒數等）作為統一計量對每個產品來說比較精確，可比性也較強；用金額比較簡單，因為計量單位統一，所以可以多產品相加，缺點是不能反映各個不同分市場上價格的差異。

無論如何，在團隊中用統一的計量單位預測銷售是最基本的要求。

預估無回饋，不如不預估

> **業務團隊管理便利貼**
> 對於預估，一定要及時回饋，否則就不要做預估。沒有回饋的預估是對人力物力的浪費。

常見的時間段有月度、季度、年度、滾動月、滾動季度以及滾動年度。每個團隊根據不同目的可以做出不同要求。根據每家公司的不同要求，業績預估可以做到任何時間單位，每天、每周、每月、每季度，甚至滾動十二個月都是可以的。每天或每周更新的必要性需要每家公司自己去衡量，通常每月或每季度是最為常見的時間長度。

定義預估的時間長度是一方面，多久更新資料又是另一方面。更新頻率可以自由決定，根據更新的實際意義以及效率來平衡業績預估的頻率。如果團隊每次業績預估的更新得不到業務銷售經理的回饋，那麼更新的意義就會打折扣。

記得有一次，總部的一個事業部總監委婉地批評說，每次中國區的銷售報告都要在多次提醒後才會遞交。這個批評立即遭到毫不留情地反駁：「不管你們提醒與否，我們每個月都遞交了報告，並確信你也都收到這些報告，這沒錯吧？」「沒錯。」「這期間的銷售有起有落，可是這麼長時間，不管銷售業績好與不好，我們從未收到過你們的任何回饋，更談不上指導。我們能不能假設，這樣的報告對你們也沒有什麼用？我們這樣費勁地把中文翻譯成英文的努力是不是也是一種浪費？」

所以，如果沒有時間、沒有興趣或沒有能力給予回饋，就把業績預估的頻率調整一下，除非有足夠的理由說服對方不需要得到你的回饋。

保留預估數字，更新實際數據

業務團隊管理便利貼

要保留預測資料，即時更新實際銷售數據。只有資料、沒有更新的業績預估就是浪費時間。

還有一種浪費時間的業績預估，就是只有預測的資料，沒有實際銷售數據的更新，也沒有保留原有預測的資料。

每次更新業績預估，我們都需要同時看到這些數字：（1）對已經發生的時間段而言，實際銷售與預估資料的差異；（2）對即將到來的預估時間段而言，更新的資料和原有預估資料之間的差異；（3）更新的預估資料與過去實際的銷售資料相比，趨勢如何。

要考核什麼？這一點不能有絲毫模糊。通常考核業績預估是考核準確性。但是，往往有人誤解為實際銷售應該超出預估才好，於是千方百計壓低預估，從而達到一個驚喜的效果。反過來，既然是考核準確性，那就按照「就低不就高」的原則，如果超出預估，只要控制一下發貨即可。但這是不是管理層想要的呢？當然不是。要解決這個問題，就必須探討預測的假設。

有一位哲人說過，我們不知道明天和意外哪個先到。管理學之父彼得・杜拉克也說過類似的話：「未來難以預測。」的確，沒有人知道下一刻會發生什麼，更不要說未來幾個月或未來幾年。「但是，」杜拉克說，「可以用系統的方式，找出那些足以孕育未來的重大改變。」

這也道出了業績預估的真正內涵。業績預估不是數字遊戲，數字背後的種種假設才是值得討論、值得關注的。這些假設反映出銷售人對市場、客戶、競爭對手以及自己產品優勢劣勢的理解。就是說，對於你給出的任何一個數字，都要能說出個所以然來。

舉例來說，你的產品是門診用藥，可是你確知下個月除了兩個經常聯繫的門診醫生外，所有門診醫生都要和病房醫生調換，而那些醫生對你的產品一無所知。這種情況下，下個月你會對這家醫院的銷售做什麼樣的預估？門診與病房醫生調換的事情還沒有發生，你的預估要不要反映你對這一情況的掌握？當然需要，當上級主管質疑你調低業績預估時，你就可以分享你的這一假設。當然，還是會有人繼續質疑你為什麼不能更早些知道，為什麼不能提早做準備，這就是另外一個話題了。

影響業績預估的幾大因素

▼業務團隊管理便利貼

掌握影響業績預估的可能因素，即時調整，保證預測準確性。

通常，以下幾方面會影響銷售業績的預估：

◆目標客戶的數量和結構

客戶數量和分類在預估期間發生變化，這是業績預估調整的重要依據。根據客戶對產品的不同認知和體驗，可將他們分為七類：（1）不瞭解；（2）瞭解基本資訊；

（3）接受產品的特點、優點；（4）開始偶爾使用該產品；（5）正常有規律地使用該產品；（6）偏愛使用該產品；（7）是產品的代言人。

◆重大的政策調整

標的市場數量有變化嗎？價格有重大調整嗎？醫院的總量控制和處方限制有變化嗎？所有影響產品銷售的政策法規都應當在你的「雷達」監視範圍內，這些法規在任何執行方面的風吹草動都是可能影響銷售的因素。不能等到銷售真正被影響的時候，你才發現它的威力。把這些細微的變化反映在業績預估上，可以讓公司早發現、早預防、早準備，從而把對銷售的影響降到最低。

◆市場競爭的實際情況

你的產品有淡季嗎？淡季的競爭還一樣激烈嗎？最近有新的競爭對手嗎？或者有「自動」退出的競爭對手嗎？競爭對手有什麼新動向嗎？不要一味地說人家給錢多，而是要弄清一些事實。例如，人家政策那麼好，是從什麼時候開始的？以前對你的市場有多大影響？你是怎麼有效應對的？將來又打算如何應對？競爭對手的政策不只是在你的市場實行，對其他市場也一樣，自己公司的其他同事又是怎樣有效應對的？

◆公司內部政策的變化

如果產品遇到品質問題、這批產品出現接近有效期問題、工廠的產能出現問題、庫存有了問題、原料的價格發生重大變動、銷售政策變化引發銷售活動的形式改變，或者計畫要做的行銷活動受到限制等，這些都是影響業績預估的重要因素。

還有一個因素不能忽視，過去我們曾經聲稱有長期效應的那些行銷活動，會不會發生在業績預估階段？如果我們的業績預估中，從來沒有考慮過以前行銷活動對銷售的影響，業績預估的準確性一定會大打折扣。

讀到這裡，你也許會疑惑，是不是把簡單的業績預估弄複雜了？必須說明，業績預估本來就是複雜的。如果想享受簡單的樂趣，只有在掌握這些「複雜」之後才可以，不然往往會事與願違。

那麼，這些因素是如何影響業績預估的呢？這就必須考量這些影響因素的幾個特點：

★**相關性**——不相關或相關程度不大，那麼對銷售的影響也不會大。

★**可能性**——如果發生的可能性小，對銷售的影響自然也不大。

★**影響程度**——如果發生了，對銷售的影響是致命的還是輕微的，這一點和相關性有相似之處，但著重從影響程度上判斷。

★**趨勢**——如果發生了，是越來越嚴重，還是只是一次性的，或是逐漸減弱的？

業績預估不只是準確就好

業務團隊管理便利貼

只把準確性當作業績預估的目標還不夠。要統一業績預估標準，在團隊裡達成共識，還可以根據具體情況不斷調整。

考慮並且評估可能影響銷售的因素或假設之後，給出業績預估。這時往往會有三個傾向：（1）準確；（2）偏高；（3）偏低。等實際結果出來的時候，上司一般表揚誰？是準確的、超出的還是沒有達到的？恐怕超出預估的得到表揚的機率更大。這就鼓勵了業績預估的偏低傾向，弄得團隊成員個個爭相效仿，失去了業績預估的真正意義。

到底以什麼傾向為準？這個問題可以爭論幾年，甚至更久，而尊重業績預估的準確性，是業績預估的追求和本意。所以，**表揚能夠做出準確預估的人吧，不必擔心他們會犧牲做更多銷售的機會來達到準確性**。

此外，要統一「不確定」的百分比。每個人的個性不同，給出的預估往往也不同。

有的傾向保守，有的豪氣干雲。不同個性的人給出的預估相互疊加，準確性可想而知。對於這個問題，沒有什麼特效解決方案，可以肯定的是，預估也是一種承諾。有人做承諾需要十成的把握，有的只要很小的比例就可以做出承諾。沒有對錯之分，但是確實需要定義一個不確定的百分比。

只把準確性當作業績預估的目標還不夠，在技術上還要有些講究，因為業績預估當中摻雜的干擾因素實在太多。在團隊總體業績不理想的時候，總有人把做好業績的強烈意願表達在業績預估裡，也總有人因為團隊總體業績的不樂觀，把保守思想帶進了自己業績預估的數字當中。

有一點是毋庸置疑的，**業績預估也是一種承諾**。上級主管也正是依據你的這個承諾，來承諾更上一級。如果你的承諾最後沒有實現，上級主管的行為可能就不是好心能夠解釋的了，因為這些承諾的數字加在一起，將必然推導出應該進口或生產的數量。但任何偏差都可能意味著損失，或供不應求引發市場斷貨，或供大於求，導致庫存增加或使產品面臨銷毀。

每個人對承諾的分寸都可能不同。身為業務銷售經理，你不可能每次都反覆澄清，因為很多時候，上級主管需要你迅速做出業績預估。所以，必須在日常溝通中逐漸確認團隊承諾的百分比。

沒有百分百的把握就不承諾的人，看似負責任，其實是怕擔責任；任何有一〇%以下成功機會也敢做出承諾的人，貌似敢於擔當，實際上也是不負責任。這樣的評價很容易打擊他們的積極性，他們會用另一種極端來反擊，果真如此，恰恰說明他們的不負責。就像是朋友，能夠輕易從如膠似漆到反目成仇這兩個極端的，不能說明他夠朋友，只能說明他愛自己。道理是一樣的。

你可以給團隊做出一個規定，任何把握低於七〇%的數字不要上報，也不能允許非要達到九〇%以上的把握才敢報。任何高於七〇%把握的，都要放大數字，將把握性降低到七〇%。也就是說，用七〇%的預估，做到百分百的努力。這看似矛盾不可操作，但是有助於溝通。如果你的團隊每次的預估都會引發一場行銷創新，這不正是銷售以及銷售管理本來的目的嗎？當然，七〇%只是舉個例子而已，你可以**選擇七〇%～九〇%之間的任何數字，給自己留些空間去創新，也留些把握去實現**。這個分寸，還要視團隊所處階段、產品上市時間以及市場競爭狀況而定。統一業績預估標準，在團隊裡達成共識，還可以根據具體情況不斷調整。

法則3

業績不是簡單的好或不好

業績，是為人、處事、資源總量以及資源配置的綜合結果。業績如人，業績是一面鏡子。

不管是親身經歷，還是團隊管理，傑克已經讓團隊自動形成一種風氣：哪個月的業績不好，就要趕緊準備好，上司一定會找自己談業績。

九月份的業績出來之後，那可是一連串的業績溝通啊。每個人都找自己的下一級溝通，上級語重心長，下級痛心疾首。傑克總結了一下，這樣的談話有幾個訣竅。第一，不能找原因，因為原因聽起來都像藉口；第二，不能抱怨其他兄弟團隊，不然就會像個受害者，受害者就是弱者，誰也不樂意自己看起來像個傻瓜；第三，不能透過責怪自己的能力來蒙混過關。那聽起來也是不負責任的。上司可不傻，只能挖心挖肺地剖析自己，到底哪裡該做沒做，或者做了卻沒做到位，哪個不該做卻做了，還要表示下次如何改進，達到什麼效果，等等。

最近傑克也在想另一件事，是上司和自己都忽視了的，就是與業績好的人進行業績溝通，是不是也該做呢？

注重業績持續性

▼業務團隊管理便利貼

什麼都想要，終將什麼都要不成。排出優先順序，學會抓大放小，讓好的業績持續下去。

在所有市場活動中，哪些活動更重要？活動有很多種，大體來說有一對一的活動、小型活動和大型活動。一線銷售人員通常討厭大型活動，覺得沒有效果，他們喜歡十幾個人的小活動，甚至是幾個人或是一對一的活動。從效果來看，人數少自然效果好，但是效率低。所以，身為業務銷售經理，**要判斷自己的產品在市場上的狀態，以手上有限的資源最大限度地達到宣傳效果為原則，掌握效率和效果之間的平衡**。

還有，身為業務銷售經理，你的注意力無疑是團隊中很重要的資源。這個資源給誰多？給誰少？過去的習慣是討論業務銷售經理該輔導業績好的人，還是業績差的人。通常的結論是業績好的不需要輔導，業績差的輔導也沒用。如果真是這樣，討論還有什麼意義？

真正的問題其實在於業績的靜態和動態。業務銷售經理真正需要的不是已經取得的業績，而是這個好業績是否可持續。**判斷業績是否可持續，需要看每個代表的客戶數量和結構，其行銷活動類型以及相應的效率和效果**。標準清楚了，應該更多關注誰的問題也就解決了。

什麼業績更重要？可以是指標達成，可以是同比或環比成長率，可以是銷售額，可以是投資報酬率，還可以是市場客戶訊息量和品質，或者新市場、新客戶的開發。總之，不能什麼都要，需要給出一個優先次序。

統一業績標準

▼業務團隊管理便利貼

弄清楚什麼是好業績。要有固定統一的業績標準，永遠不要用「還可以」來回答業績如何的問題，也不要答以簡單的「好」或「不好」。每次對業績的描述要一致。

身為業務銷售經理，更有效的做法是讓所提要求完全在團隊掌控之中。做到了結果自然會來，做不到自然也無法交代。按照這個定義，結果和過程都不能算有效要求。

什麼是業績？如果銷售是業績，銷售額多就滿意了嗎？未必。目標達成率呢？成長呢？投資報酬率呢？重要產品的表現呢？關鍵客戶的貢獻呢？要讓業績溝通不走樣，必須定義什麼是好業績。

「上個月的銷售額是多少？」如果有人這樣問你，你該如何回答？當然，要看誰在提問。

如果是公司外部的人問，就要判斷是不是要保密。如果是公司總部或高層管理人員問，那他們感興趣的可能是銷售金額，可能是以無稅的出廠價格或進口價格，或其他公司內部統一的核算價格來計算的。如果是頂頭上司問，可能就要以你們之間約定的核算價和相應環節的價格來計算，可能是出廠數量，可能是經銷商採購數量，可能是終端客戶的採購數量，也可能是到終端消費者的銷售數量。

「上個月的銷售情況怎麼樣」通常是一個不能用「還可以」來回答的問題。針對不同的人，你的回答細緻程度也要不同。可以在下列幾組資料中選擇一種或多種：指標達成率、人均銷售額、同比成長率、環比成長率、團隊貢獻率、投資報酬率、市場占比以及每組資料的趨勢，即上升、持平還是下降。

可以細到產品、城市或不同類型的客戶或市場。假設你是醫藥代表，就要知道是非處方藥（OTC）還是醫院？是病房還是門診？是大醫院、地區醫院還是社區診所？是抄方（抄舊的藥方）、新方還是改方？

如果分產品回答，可以細分核心以及非核心產品、新產品還是老產品，還可以用不同的衡量標準，如數量和金額。

除非被要求改變，否則從理論上講，每次對業績的描述都要一致。另外，你自己的業績也不要用簡單的「好」與「不好」來回答。對於上級的提問，用你們之間慣用的業績標準，流暢地用大約二十五個字來回答，這是基本要求。統一業績標準，避免「公說公有理，婆說婆有理」的情況。切記：業績如人，沒有藉口！

法則 4

最現實的成長點是打破現狀

經常發現有人不遺餘力地解釋現狀，推導出現狀和現有業績的合理性。可是，解釋不是生命的價值，重構現狀才是。

在市場上打拚這麼多年，傑克比誰都明白，該想的都想了。哪一天不是在盤算怎麼成長？就算想到什麼機會，可是誰又敢輕易地說出來？說出來不就是找麻煩嗎？鐵定是要成長的。

話雖這麼說，成長空間還真不容易找。對市場情況知道得越多，可能性反而似乎越小。現在的精力好像都花在如何保住目前的業績上了。業績沒有下降就已經謝天謝地了，更何況我們每個月都在成長，這已經很不容易了。誰來做，也就這樣了。

十二月份，四季度的周期會上，每個地區都要講明年的計畫。傑克想出了五個成長點：

★開闢新市場。尤其是社區醫院不能忽視。為此需要更多人手和更密集的配送商網路。

★上市新產品。我們已經在一個科室扎下根，人頭熟。上市另一個產品，可以借力使力，達到雙贏。

★社區教育。如果醫院增加更多病人，那麼產品的使用量也會改變。為此，需要開展一系列的社區市場活動，需要地區市場部密切配合。

★ 開拓更多醫院。成立區域大客戶管理團隊，配合市場准入團隊，有效地開展列院工作。當然，相應的預算不能少。

★ 開展密集的市場活動。尤其是一對一的個性化活動，提高現有客戶的使用量。

沒想到，傑克當場就被批評了，他錯在哪了？

敢於改變現有的市場格局

業務團隊管理便利貼

最現實的成長點就是打破既有的市場格局，製造改變。拿現在的好業績填補未來的空缺，永遠不是長久之計。

很多業務銷售經理相信，客戶在平衡各家公司的銷量、分配「額度」上依據的是各家公司投入比例的不同，說白了就是類似價格戰的遊戲。增加銷量的唯一推動力是投入比例的增加，這等於把自己的成長空間堵得死死的。心裡、眼裡都看不到成長的機會，就像一個不開竅的封建腦袋，缺乏想像和靈活性。

誰是銷售人員真正的對手？現狀！現狀是你真正的對手。**要獲勝，就要打破現狀，顛覆目前市場中各個「玩家」的地位**。尊重現狀是不會看到成長機會的。

很多時候，當你問業務銷售經理成長點在哪的時候，得到的答案雖千差萬別，但有幾種最為常見：

★各個對手已經形成自己的「勢力範圍」，難以輕易撼動。

★開闢新市場、新客戶，需要額外的投入和更多的時間。

★上市新產品等於開拓新市場。

這三個成長點的背後都有一個共同假設，即尊重已經形成的市場格局。可是，我們做銷售以及做銷售管理時，就是要打破現狀，必須改變現有的市場格局。這也是最現實的成長點。

成長的空間不在市場上，而是在頭腦裡，洞悉者得之。團隊說有，業務銷售經理說沒有，那有也是沒有；業務銷售經理說有，團隊說沒有，最大的可能是有。雖然這聽起來像是繞口令，可現實工作中許多活生生的案例都說明了這一點。

一位業務銷售經理曾和我說起他的業績，頗感自豪：「同級的其他三位業務銷售經理指標達成率都不到百分之百，但是我們團隊竟達到一三五%。」我問他是怎麼做到的，他說自己也不清楚。我又問：「這樣好的業績還會持續多久？」回答說：「最多兩到三個季度就會被擠空的，之後的日子怎麼過就不知道了。」

為自己「留一手」的做法，雖然在短期內能讓自己從容一些，但畢竟太短。長久之計還是要懂得銷售成長之道，而把握銷售成長，唯有先「看」到成長空間。要看到成長空間，就必須看到有多少終端使用者在使用不合適的產品。只有還原真相，才能打破格局。

讓同樣的投入帶來更多成長

▼業務團隊管理便利貼

增加投入自然會帶來成長，這並不困難，如果能以同樣的投入帶來更大的成長，難道不是更好嗎？

增加投入，得到銷售成長，誰都做得到，為什麼非要給你做？同樣的資源總量，改變投入方式，從而獲得可持續的成長，才是你源源不斷獲得更多資源的唯一支撐。原因只有一個，就是你比別人更會使用資源。

A：「如果你要超過市場成長，有哪些可能性？」

B：「如果投入相應增加，我想這不是不可能的。」

A：「需要投入多少？」

B：「還沒估算。」

成長等於投入增加，這是存在於很多人心裡的假設。但是，這麼直接問出來，得到的答案可能會更豐富一些。當然不能相信「只要馬兒跑，不讓馬兒吃草」這個錯誤邏輯，也不要相信公司會讓哪個銷售人員「不勞而獲」。問題在於，銷售政策都是一樣的，為什麼不同的人投入得到的效果不同？

記得一家國際醫藥企業的執行長曾說過，增加投入自然會帶來銷售成長，這有何難？我們的問題在於：同樣的投入卻帶來比別人更多的成長，這才是你能有更多資源來支配的保障。在很多銷售人的頭腦裡，除了增加投入之外，根本沒有去想還有別的選擇。

所以，改變投入總量當然是一個解決方案，但是更可靠、更務實的一點，是從改變投入的方式著手，讓市場格局有所不同。如果你問投入方式的改變依據是什麼？那就是**對客戶的瞭解**。不瞭解客戶，我們只能推測客戶需要錢，或有其他更直觀的需求；只有瞭解客戶，才能找到更有效的投入方式。

洞悉客戶認知和行為背後的成長機會

業務團隊管理便利貼

客戶對公司產品的認知和他的行為潛藏著很多成長機會，只有用心發掘的銷售人員才能發現。

客戶當中有多少人還不知道我們的產品？多少客戶雖然知道，卻沒有接受我們產品的優點？知道的人當中，多少人知道卻還沒有嘗試使用我們的產品？多少人嘗試了但沒有形成使用習慣？有多少人習慣用卻不擅長宣傳？

提問是業務銷售經理的必備。透過提問，我們可以知道自己有多瞭解客戶對我們產品的認知及相應的行為，由此也能發現更多的機會。例如：

★**實際上誰在用你的產品？**知道誰用了，就知道誰還沒在用，也知道了多少重要客戶還沒有使用。

★**他們是怎麼使用我們產品的？**以醫生為例，是抄方的多？還是給新病人開處方的多？或者是從競爭對手的產品轉過來的多？當然，既然能從對手那裡轉過來，也自然會給新病人開處方，更會抄方了？

★**在什麼情況下用？**知道了在哪些情況下用，當然也就知道在哪些情況下還沒有使用。這就是機會。還有，如果發現他們使用得不恰當，就要立即糾正，不然長期下去一定會損害產品的成長機會。

★**用多久？**這是量的問題，如果量不足，當然就有成長的機會了。還有，那些沒有使用的人，是因為不瞭解產品？是瞭解了卻不接受？還是接受了卻沒有使用機會？或是有機會但是沒有膽量嘗試？這些都是會帶來成長機會的突破點。

利用不平衡業績中的成長「動能」

▼業務團隊管理便利貼

從各種不平衡當中找出不平衡的原因，以便進一步發現成長的關鍵驅動力。

同樣的政策，同樣的潛力，業績不同。區分是很重要的業績成長來源。有的產品銷售得好，有的市場做得好，有的競爭力度大。

通常，業務銷售經理會對團隊業績的不平衡感到不滿。其實，不平衡的業績當中蘊藏著成長的「動能」。仔細研究各種不平衡，我們能發現很多機會。

◆**產品成長不平衡**

不同的銷售人在產品成長方面有什麼差異？原因是什麼？有的人習慣做老產品，忽視了新產品的成長機會；那些做老產品業績不好的銷售人，恰恰能從新產品中找到成長機會。

◆**區域成長不平衡**

以醫藥銷售為例，醫學中心、區域醫院以及地區醫院的成長有什麼不同？產生差異的原因又是什麼？隨著基本藥物政策的實施，地段以及社區醫院的銷售成了新的成長點。可是各個地區政策不同，對政策的執行程度也不同，內部的爭論不斷，捷足者先登。

◆**銷售人員成長不平衡**

從成長率、目標達成率以及銷售貢獻率來區分各個銷售人員的不同表現，也是發現成長動力的一個重要來源。銷售基數很大的人，成長有大有小；銷售基數小的人，成長有快有慢。差別又在哪裡？

◆季節成長不平衡

很多人會說，季節不同，成長率也不同。排除其他原因，回顧過去四個季度的實際銷售業績，每個季度的成長一樣嗎？如果過去四個季度中，同比成長相似，季節影響成長的說法就很難成立。

從這些不平衡當中，找出不平衡的原因，就可以發現成長的幾個關鍵驅動力：什麼產品是成長點？什麼地區是成長點？什麼人是成長點？排除季節等客觀因素的影響，集中注意力，就能得出明確的結論。到底是應該增加目標客戶，還是改變客戶結構？是增加投入總量，還是改變投入方式？是瞭解並管理客戶對產品的認知，還是改變客戶的行為？總而言之，沒有改變現狀的決心，就沒有關鍵的決策，更看不到成長的機會。

一、現在就找出一張白紙，餐巾紙也行。在紙上畫一個圓，代表你所在市場的全部市場潛力，包括你以及所有對手都在追逐的「蛋糕」。就你所知，把現在已經占有的市場畫出一個扇形，塗黑。再把你三個月內可能「占有」的部分用虛線畫出來。

二、不管虛線圈出的部分是大還是小，用接下來一周的時間去論證你的圖形是否準確，如果一周不夠就用兩周。

三、論證之後無非兩種結果，足夠大或者不夠大。夠大，就要立即著手去申請資源；不夠大，就去「圈」更多的空間，或圈更大的市場區域，或做更多的產品，或者是重新定義現有的目標客戶。

法則 5

維持業績的資源越少越好

一個足智多謀的團隊，一定有一個足智多謀的業務銷售經理。所以，從戰略上看，資源和指標呈線性關係；而在戰術上，完全可能出現以小搏大、以弱勝強的案例。

以往不假思索就簽字批准的一筆筆預算，現在傑克開始質疑了。他想弄清楚那些預算是不是真的會產生預期的效果，或者可能產生什麼效果。突如其來的質疑，讓傑克自己都警覺：是自己的管理動作走樣了嗎？這是業績不佳引發的嗎？如果是的話，傑克知道，這會讓事情變得更糟糕。

傑克嘗試過和自己的上司溝通，希望加大投入來突破目前的業績瓶頸。可是上司也處在很大的壓力當中。既然增加預算的希望不大，唯一能做的就是更聰明地使用手頭的預算。在這一點上，傑克不難和他的團隊達成共識。

在所有的銷售預算中，很大一部分預算是用來維持銷售現狀的，不管「預算申請表」上填寫的理由是什麼。傑克承認，許多費用的確是不用不行的，雖然用了也不能帶來更大的業績。這些費用的使用，以往並沒有人質疑，甚至被視為固定費用。誰都不敢因為一時的質疑而拒絕批准。

謹慎控制維持業績的資源

業務團隊管理便利貼

維持業績對於銷售是非常重要的，但是這部分資源的比例越少越好。否則，業績的可持續性成長就會成為一個大問題。

打破現狀、改變我們在市場競爭格局中的地位是資源配置的目標。循此思路，必須弄清楚是什麼樣的資源配置導致今天的格局。想一想，上一個考核期內，資源是如何在不同產品、不同市場、不同銷售人員、不同活動形式以及不同業績之間分配的？從中能否看到一個清晰的資源配置脈絡？我們能學到什麼？

維持業績對於銷售是非常重要的，但是這部分資源的比例越少越好。否則，業績的可持續性成長就會成為一個大問題。

在所有資源中，總有一部分是用來滿足與客戶約定俗成的固定活動的，這部分資源在整個資源中占一定比例。以下就是這部分資源的幾個特點：

★投入了並不討好，即投了也未必能帶來業績的成長。
★似乎是「必須」的、「應該」的、「理所當然」而不容商量的花費。
★如果不投入，就會產生負面影響。
★只能增不能降，一旦降低，前面所有的投入就會前功盡棄。

這部分資源比例有一個特點，可能比競爭對手高，也可能比競爭對手低。這個比例反映了競爭狀況，也反映了對客戶預期的管理效率。應該說，這個比例的提高和降低無疑是一樣的效果。

客戶知道你有這筆預算，總是會想出各種各樣的活動。儘管如此，客戶每隔一段時間就會對這部分資源表現出不滿，更不要說試圖降低這部分資源的比例了。應該說，這筆預算的占比越大，整體的行銷力度就會越小。

到底維持目前業績的最低資源比例是多少？這個問題可能已經問得太遲了，因為比例一旦確定，就算是銷售經理也很難改變。而且，即使有這些維持資源，仍然存在難以維持的業績。

總有維持費用高的生意，維持不易，割捨也難。同時，每個月銷售的壓力和慣性又不允許有大的波動，於是雖然有這樣的問題，但一切還是照舊發展了。

取得新的業績成長不容易，但失去原有業績可能很快。有多種因素會影響現有業績的維持，例如客戶職位的更迭。對新的客戶需要重新開機溝通的流程，對產品的認識需要一個過程，熟練使用產品也需要一些時間。

無論是距離還是歷史形成的高額維護資源，和所能帶來的銷售業績相比，如果成本太高、花費太大，就會形成類似雞肋的問題，食之無味，棄之可惜。

有的產品價格低、利潤少，維持業績的費用就會顯得很高。如果沒有特別的理由，就需要對這樣的產品銷售做出一個決定。

平衡短、中及遠期資源配置

業務團隊管理便利貼

如何根據不同的業績成長點配置資源，是銷售經理市場管理成熟度的重要展現。

新業務誰都願意開發，只是需要評估在時間和投入產出上的不確定性。有些新客戶在當月就有貢獻，有些則需要一個季度，有些甚至更久。在新業務上投放的資源比例越高，業務可持續程度一般也會更高。問題在於如何平衡本月或本季度的短期銷售壓力。

業務銷售經理需要決定**為業績成長投入多少資源，這部分資源占整體資源總量的比例是多少**。這是團隊銷售業績成長的主要驅動力。但是很多團隊並不把這部分資源從整體資源中剝離開來，而是和那些業績「維持」資源放在一起，理由是銷售活動本來就很難把維持和開發嚴格區分開來。

對已經使用自己產品的客戶，需要讓他們知道如何更廣泛地使用產品的功能，也需要讓那些已經使用的終端使用者使用更長的時間。這是最為可靠的成長。然而，這裡容易產生兩個誤區：（1）這些客戶自己認為已經盡最大可能使用你的產品了；（2）雙方可能都感覺互相已經熟悉到不需要再討論產品的地步了。這時候的風險，就是客戶把你額外的資源投入當成了對現有銷售業績的維護。

現有客戶中，通常有些尚未使用或極少使用你產品的客戶。他們究竟在顧慮什麼？這可能是最難回答卻又必須弄明白的問題。因為這才是資源投入的依據和方向。這部分客戶是短期業績的成長點。

更遠期的投入，例如從頭開始開發的醫院或從頭開發的市場。短期內，銷售經理一般不會有很高的銷售預期，所以對這些新客戶的開發費用就會更謹慎。可是，如果每個月或每個季度都不投入，這塊市場的市場格局也就不會有顯著改變。

如何平衡短期、中期以及相對遠期的資源配置，展現了銷售經理市場管理的成熟度。

平衡市場活動的效率和效果

業務團隊管理便利貼

只有選擇既照顧了客戶的興趣、方便性，又結合了宣傳核心要點的主題或內容，才能平衡活動的效率和效果。

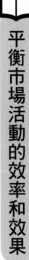

從參加活動的對象上來說，有個人、少數人或多人參與的活動之分；從活動內容來說，有學術討論、經驗分享、基本技能講解以及社交活動的不同；從活動形式上來說，有地點、時間和人員上的差異；從不同活動之間的關係來說，又有單次活動和系列活動的變化。每一種活動都有不同的側重，或側重於效果，或側重於效率，完全由活動的不同目標而定。

資源總量以及資源配置是一方面，如何具體地使用資源又是另一方面。銷售活動的形式從「一對一」的個性化活動，到「一對少」的小範圍活動，再到「一對多」的大眾化活動，效率在遞增，效果卻在遞減，如何平衡呢？很多銷售人都有體會，個性化的活動效果最好，但是很累，一周下來做不了幾個人次的活動。相反，業務銷售經理喜歡大型活動，這樣面大量廣，容易快速打開局面，但是效果需要慎重考慮，活動需要精心組織。

從活動的安排上，可以定在寬泛的地點和時間上，謹慎地突出對客戶的方便性和相對其他活動的吸引力。讓客戶方便參加，樂於參加。參加的人多了，效率自然就上去了；參加的人高興，效果自然就好。

從活動之間的關聯來看，市場活動可以是突發的、單一的，也可以是計畫中的、系列的。可以是日常的活動，也可以是定期的，如每周、每月或每個季度的活動。同一個主題，進行多次、多角度、多層次的反覆刺激，效果自然會不一樣。

掌握資源和目標的正相關關係

業務團隊管理便利貼

銷售競爭說到底就是拚資源。如果目標大，實力強，勢在必得，就要硬碰硬，拚得讓對手望而生畏。

資源配置是團隊戰略最直接的展現，比任何戰略宣傳或演講都來得更有力道。重視某產品、某地區、某個團隊或某個人，直接以資源配置的方式展現出來；重視成長、達成、貢獻或是投資回報，也以不同的資源配置方式展現出來。目標的分配，是戰略導向的清晰信號，當然也要透過資源配置的形式來加強。

一般來說，目標和資源配置呈正相關。當然，這也不是絕對的，要取決於具體的計畫，即對什麼樣的客戶、做什麼樣的活動、按照什麼樣的時間順序。

例如，如果在這個計畫中，大部分費用是用來開發新市場、新客戶的，而且極可能是遠期的影響，那麼短期的目標就不會和短期的資源相關，也就是說，需要投放的資源遠遠高過短期內的業績回報。

反過來，如果在這個計畫中，大部分資源側重於建立客戶的忠誠度，沒有任何資源用來開發新客戶，那麼投放資源的力道會大大降低，投資回報也會大大優化。

如果條件允許，還可以比較一下競爭對手的資源配置情況。銷售競爭說到底就是拚資源。如果目標大，實力強，勢在必得，就要硬碰硬，拚得讓對手望而生畏。當然，就算很有實力，也不是每個市場都要拚。避重就輕、避實擊虛的時候，也不要猶豫，因為拚的結果可能是兩敗俱傷。拚的時候要夠狠，閃的時候要夠巧，但都要快。

一個足智多謀的團隊，一定有一個足智多謀的業務銷售經理。所以，從戰略上看，資源和目標呈線性關係；而在戰術上，完全可能出現以小搏大、以弱勝強的案例。

把每個人的資源和業績拿出來做對比分析，以討論的方式選出一個聰明的資源配置方式，並在下一個考核期間嘗試運用。

法則 6

不是所有客戶都需要關注

找到客戶名單中的非目標客戶，將其剔除出去。只有這樣，才能有效利用資源服務目標客戶，而不會在非目標客戶上浪費資源。

傑克新學了一招，每當有人向他解釋業績差距的原因時，他就會問對方兩個問題。首先，他會打斷對方問：「你的解釋還需要多久？」不管對方的回應是什麼，等對方回答完畢之後，接著問第二個問題：「業績雖然有差距，但還是合理的，你是不是希望我明白這一點？」

這樣一來，對業績的解釋果然少了許多。可是，把節省下來的時間用來做什麼呢？教練建議討論客戶的四個背景。試了幾次，傑克覺得也沒有什麼效果，更沒有那麼神奇。相反，還很枯燥無味，遠沒有當初討論業績那麼直接。「四大金剛」更是直言不諱：「我們覺得這樣討論，大家都差不多。一講老半天，銷售到底怎麼樣呢？完全不知道嘛。」

從道理上講，傑克也知道討論對客戶的瞭解是沒錯的，可是在實際當中如何運用，自己還真是沒頭緒。

瞭解客戶的四大背景

業務團隊管理便利貼

銷售人員只有瞭解了客戶的四個背景，才能建立更有效的溝通管道，以更有效的方式讓客戶瞭解公司和產品的真相，便於客戶做出自己的判斷和決定。

「以客戶為中心」，誰都知道這很重要。但是具體要怎麼做？從哪兒開始？**第一，客戶不是上帝**。銷售團隊需要不斷改變客戶的想法和行為來達成銷售業績，但是很少聽說有人能改變上帝的想法和行為。**第二，沒有人能有效地影響自己尚不瞭解的人和事，所以影響客戶，要從瞭解客戶開始。**

瞭解客戶，就要瞭解他們的四個背景，即個人背景、家庭背景、教育背景和職業背景。

★**個人背景**。包括成長環境、身體特徵、性格特點、語言習慣、飲食習慣以及個人偏好等。

★**家庭背景**。包括家庭結構、家庭成員的生活和工作狀況、家庭生活規律等。

★**教育背景**。主要指所學的專業、畢業的學校、經常參與的母校活動、同學聚會情況等。

★**職業背景**。指職業發展的軌跡和發展方向，與周圍同事的互動情況，經常參與的協會、學會或學術沙龍活動，與國內外學術領域的互動情況，所支援的學術流派等。

與那些探尋「客戶需求」的行為相比，我認為**瞭解客戶**更有效。經常會發現銷售人員在拜訪中探尋客戶需求，這只不過是對銷售行為的簡化，願望雖好，但真正找到需求會很難。客戶的需求被一堆「需要」掩蓋著，若隱若現，有時候連客戶自己都未必知道。只有沿著客戶的四個背景所提供的線索，走進客戶的世界，才能一起探尋真正的需求。

經常有人這樣問：「一定要知道這麼多才能瞭解客戶的需求嗎？」必要與否，關鍵要看現有的客戶資訊是不是能有效推動銷售的進程。

有位業務銷售經理要求一位下屬幫他約一個科室主任，希望能見面聊聊。這位下屬唯一能想到的時間段就是這位主任上門診的時間。一周只有一次門診，半天時間，診室裡是擁擠的病人，自然很難約見。沮喪的下屬把情況彙報給經理。經理沉吟了一下，問：「主任通常在什麼地方洗車？」接下來的事就不用說了，在主任洗車的地方，二人用幾分鐘的時間討論了很多事，賓主盡歡。

只有瞭解客戶，才能創造更多與客戶的溝通機會，營造更好的溝通氛圍。一個業務銷售代表在醫生做手術或者開晨會的時候打電話要求約見，顯然是不合適的，甚至是魯莽的。為什麼很多公司貼著「謝絕推銷」？那不是拒絕推銷，而是拒絕被打擾。銷售人為什麼一定要「打擾」客戶？因為他們不瞭解客戶的生活規律，事實上，客戶的四個背景裡隱藏太多的溝通機會。

有效溝通只會發生在合適的溝通氛圍裡，即合適的時間、場所和經過調適的心理狀態。沒有對客戶的足夠瞭解，恐怕就很難創造這樣的氛圍。而沒有這樣的溝通氛圍，一切狀況都可能發生。很多培訓針對已發生的狀況去處理所謂「客戶異議」，只不過是捨本逐末而已。溝通的氛圍才是「異議」的源頭。

曾經聽說一個銷售人好心好意地請一位客戶吃梅干扣肉，點好了菜才發現客戶是不能吃肉的。只要做一點功課，多問一句就可以避免類似的尷尬，因為這是最基本的客戶個人背景資訊。銷售經理需要幫助團隊建立去瞭解客戶的意識和習慣。

很多業務銷售代表抱怨客戶很難「搞定」。可是，客戶不是生來被「搞定」的，也沒有哪個人願意被別人搞定，所以，搞定客戶不是我們的工作，但瞭解客戶是基本要求。**瞭解客戶最好最快的辦法莫過於走進客戶的世界，而客戶的四個背景就構成客戶相對完整的「世界」**。所以，每當有業務銷售代表說與客戶溝通困難的時候，總會發現他對這個客戶的背景資訊知之甚少。

瞭解客戶的背景資訊並非為了投機取巧，而是要建立更有效的溝通管道，以更加有效的方式讓客戶瞭解公司和產品的真相，便於做出自己的判斷和決定。很多人認為，銷售就是帶來業績，但不瞭解客戶如何能帶來業績？不知道客戶的四個背景，如何談得上瞭解客戶？

開周會的時候，一位業務銷售代表談到洽談中的採購一直不確認採購計畫，沒有任何理由，接觸過幾次，也沒有問出個所以然。業務銷售經理問他：「那位採購的車牌號尾數是幾？」這位下屬頗感驚訝：「為什麼要知道這個？不過，如果您想知道，我半個小時內就可以知道。」隨即業務銷售經理解釋說，北京的私家車是「限號」外出的，知道尾號，你就知道他哪一天不方便開車。後來的故事就順理成章了，那位採購的車號尾數是 8，於是業務銷售代表在周五之前跟那位採購說：「明天我接你吧，我順路。」接了兩次，他的產品就開始銷售了。當然，這只是個案，不適合模仿，更不適合推廣。但是，這的確說明客戶背景資訊的重要性。

剔除非目標客戶

業務團隊管理便利貼

目標客戶的任何一個小偏差，都將導致大量的浪費。因此，選對目標客戶至關重要。對於不是目標客戶的客戶，不妨把他們當朋友。

不是所有客戶都需要關注。戰略，就是取捨。一個公司最重要的取捨就是對客戶的取捨。所謂目標客戶，就是精心選擇的客戶。可是在銷售人的眼裡，當下正在拜訪的客戶即便不是目標客戶，也是不能「丟掉」的，因為捨不得。

好像每個業務銷售代表都無師自通地知道如何選擇自己的目標客戶。普通銷售人往往會下意識地喜歡那些對自己態度好的客戶，更重視那些已經開始使用自己產品的客戶。

有一次，我和一個業務銷售代表一起在醫院拜訪客戶，走出診室的時候發現，對面主任的診室還圍著滿滿病人。於是我就問業務銷售代表，我們為什麼不見那位主任？答曰，那個主任太忙了，難以安排。我不禁要問：「我們到底是拜訪容易拜訪的客戶，還是拜訪重要的客戶？」

有人看見一個醉漢在路燈下的開闊地低頭轉悠，就走上前問他找什麼。醉漢回答說找鑰匙。路人問：「那你的鑰匙是在哪丟的呢？這片空地上顯然沒有鑰匙。」醉漢回答說：「在路邊的草叢裡丟的。」路人再問：「那你為什麼不去草叢裡找呢？」醉漢說：「因為草叢那邊看不清楚。」那位業務銷售代表的思維模式，與這個醉漢有什麼差別？

毫無疑問，如果現有客戶都不是我們的目標客戶，那麼所有的行銷努力、所有的資源都是在浪費。差之毫釐，謬以千里。目標客戶的任何一個小偏差，都將導致大量浪費。如果你問團隊中任何一個業務銷售代表：「你目前選擇客戶的準確率是多少？」估計回答都是百分之百，至少也不會低於八〇%吧。然後你繼續問下一個問題：「這些客戶是怎麼挑選出來的？」如果回答是直覺，可信度是不是低了點？除非業績好得沒得說，不然沒有哪個銷售人員會這麼回答。既然不光是直覺，就必然有一定的依據作為標準。那麼，這些標準又是什麼呢？

培訓課上，一位業務銷售代表提問，想知道如何提高業績。我問他是如何選擇目標客戶的。於是這位銷售人開始抱怨說公司從來就沒有公布過選擇客戶的標準。不但自己的直屬主管沒說，市場部的人也沒有明確說明。「那麼，」我繼續問，「你是如何選擇目標客戶的？我的意思是，為此你做了什麼？」目標客戶的標準都不知道，如何選準？選不準客戶，怎麼提高業績？再說，這樣「不明不白」的情況已經持續多久了？誰在縱容這種狀況的持續？

有的業務銷售經理在面對這個問題時就很坦誠，說自己的團隊能有八〇%的準確率就不錯了。隨即一連串問題就出來了：哪些人不是目標客戶？名單如何確定？什麼時候確定？確定之後怎麼辦？做完這件事，我的意思是剔除非目標客戶需要多久？

當這個決定落到每個業務銷售代表的身上，需要他們真正去剔除一個個非目標客戶的時候，麻煩就來了。尤其是當那些非目標客戶還在使用一些產品的同時，難度就更大。業務銷售代表可能會拿出很多理由證明這樣做是錯的，並提出很多折中方案，例如減少時間和資源的投入，但是決不同意放棄。這是情感和理性的糾結。

如果真的確認他們不是目標客戶，你可以把他們當朋友，但不是就是不是，沒得商量。況且，他們真的就是把你當朋友。**什麼時候停止對非目標客戶的資源投入？只有一個答案：立即！**非目標客戶放在客戶的名單裡只有一個功能，就是源源不斷地製造「不可能」成長的藉口。

找出重點客戶

▼業務團隊管理便利貼

要將客戶劃分為重點客戶和非重點客戶，並據此相應地合理安排時間和投入。計算市場潛力的時候，不要過早把競爭對手的「鐵桿」客戶排除在外。

每個客戶其實都很重要。之所以要劃分重點和非重點，是因為銷售人員手中的資源是有限的。如果要求銷售人員瞭解每個客戶的四個背景，總共有好幾十個資訊重點，銷售人員的時間是不夠用的，這就成了不可能完成的任務。所以，還是要挑出重點，問題是怎麼挑選。

根據潛力和對產品的接受程度，把客戶分為重點和非重點，是目前較為通行的做法。但是，每個團隊對「重要性」的定義都應明確統一。不能一個團隊一個標準，甚至一個人一個標準。

概念不難理解，落實卻很不容易。有一次，在討論重點客戶標準的時候，一位業務銷售經理就吵了起來：「我的區域潛力小，如果嚴格按照這個標準，我們區域就沒有幾個重點客戶了。這樣一來，什麼好事都輪不到我們，那麼多的業績目標怎麼完成？」

這一吵吵出三種可能，需要一一澄清。第一，這個區域潛力的確小，甚至不足以支援這個團隊現在的規模。那麼不但目標要改，團隊也要調整。第二，潛力的計算有誤，其實潛力可能並不小。這樣一來，皆大歡喜，就不用再吵。第三，缺少資料，不能計算出潛力的大小，這是典型的功課沒有做足，但至少還得不出潛力大小的結論，所以大家分頭去找資料，也不用吵。這樣釐清一次，下次的討論就會有效得多。

把潛力計算錯的一個常見原因，是把競爭對手的「鐵桿」客戶過早排除在外——懾於競爭對手密集的「攻勢」，不敢接近這些潛力大的客戶，於是乾脆把他們排除在外。

誰都怕選擇，銷售代表也不例外。測試一下：當面對甲、乙兩個客戶時，甲的態度好，乙的態度不好，不理「我」；甲在用一些我們的產品，乙壓根就不用。誰是重點客戶？不錯，給出的條件不足以判斷。那麼還需要什麼條件呢？如果對每個客戶都這樣思考，那當然很好，相信大多數銷售人都能做出理性判斷。如果沒有人追問呢？實際工作中，不加思索地把甲當成重點客戶的情況很多。但是，**絕對不能只把態度好的客戶當成重點客戶**。

重點客戶比例可用三〇%為標準

> ▼業務團隊管理便利貼
>
> 重點客戶的比例、名單都是動態可調的。確認比例後，就應立即瞭解客戶的四種背景訊息。

制定重點客戶選擇標準的依據是什麼？標準低一點，重點客戶數量就會增加；相反，就會減少。那麼，多少合適呢？

第一，重點客戶的比例沒有固定的標準，可以把三〇%當作一個參數。比例過高，就好像都是重點，反而沒有重點了；比例過低，又無法構成對整體業績的影響。多高是過高，多低是過低？還是要看資源和時間的分配，能否挖掘重點目標客戶的潛力。

我曾問一位業務銷售代表，那個被列為重點的客戶，為什麼產出那麼少？該代表回答說沒時間跟進。可是沒時間跟進，為什麼還是重點？這就說明，不是重點客戶的比例過高，就是該代表的效率太低。橫向一比較，差距顯而易見。另一個業務銷售代表，重點客戶的銷售成長超過公司整體成長，卻還是達不到業績目標，對團隊的貢獻率也不見成長，這就是因為重點客戶比例太低，或者市場潛力太小。

第二，重點客戶的比例是動態可調整的。隨著市場開發的不斷深入，銷售團隊可以用更有效的方式管理重點客戶。此時重點客戶的數量可以適當增大，重點客戶的選擇標準可適當降低。

第三，不光客戶的數量是動態的，客戶的名單也可以是動態的。市場狀況瞬息萬變，客戶也都是自己領域的活躍人物，新人也不斷湧現，不能只是守著靜態的名單計算將來的投入和產出。

一旦確定了一個合適的重點客戶範圍，銷售團隊便沒有不瞭解重點客戶的理由。銷售經理必須反覆檢視重點客戶的四個背景資訊。

可是，每天都詢問客戶的背景資訊，讓業務銷售經理和銷售代表不勝其煩；既枯燥無味，又抓不住重點。兩個問題可以避免這個問題。第一個問題：「對你的重點客戶的背景資訊有哪些更新？」第二個問題：「因為這些背景資訊，你找到什麼新的行銷活動方式？」

對於同一個重點客戶，不要每次都從頭開始問，只問你格外想知道什麼就好。並且，要思考知道的這些新資訊，能帶給我們什麼啟示，會如何引導我們進行行銷創新，讓資源的使用更加有效。

不妨在周圍找出一個你覺得**難以相處又必須一起合作的人**。試著瞭解他的四個背景，這四個背景大約有六十個重要資訊點。隨著資訊點的不斷增加，觀察你們的關係會發生什麼變化。很多人都發現，不存在不喜歡的人，只有不瞭解的人。

法則 7

分配的不是現有市場，而是市場潛力

市場分配極易不均，進而出現資源配置不到位的情況。市場分配與資源配置要大體相當，指標與資源配置也要大體相當，不能因為員工的異議而輕易改變。

新上司給出的業績目標出奇地高。大家認為這是新上司給傑克的一個「下馬威」，他們鼓勵傑克和新上司溝通一下。新上司問得很直接：「傑克，據我所知，你的市場自你接手以來，分配格局從未有過大的調整，是因為認為分配已經很合理，還是擔心震盪？」

分配是否合理沒有標準答案，擔心改變帶來震盪卻是真的。傑克也不是沒有對現有分配方式產生過疑慮。「您是不是看到了什麼改進的機會，不然目標怎麼會變化這麼大？」

新上司：「這正是我要你去思考和研究的，你知道這個市場的潛力是足以支撐這個業績目標的。那麼誰能把這個潛力挖掘出來？你的團隊是不是該換一個思考方向？除非你認為目前這樣的格局是完全合理的。」

傑　克：「既然如此，在沒有得出結論之前，這個目標合理嗎？這樣的目標該如何分配到團隊？」

新上司：「怎麼分配是下一步的事，可以先做市場分配，這樣你的市場調整之後，團隊也就方便認領了。」

傑　克：「可是，這個業績目標會讓很多人望而卻步的。」

新上司：「我知道，關鍵在你。你信不信有達成這個目標的機會？為此，市場分配格局應該怎麼樣？目標只是數字，如果你的論證不支持這麼高的目標，我會同意修改。問題是，市場分配到底是需要改變，還是只需要改良？」

雖然已經做了幾年管理，但傑克從未真正大張旗鼓地改變過自己區域的市場分配格局。業績好的時候，覺得沒必要改，而且改了會得罪人；業績不好的時候，大家壓力大，更不敢改。傑克也想過放棄，可是將來就不會碰到類似的事情了嗎？看來，現在必須認真對待這個問題了。怎麼辦？從哪開始呢？如何跟團隊溝通這件事呢？

要敢於變更市場分配

業務團隊管理便利貼

業務銷售經理對於老員工有意無意的偏愛，往往是趕走新人的巨大「力量」。要避免這一點，就要敢於重新分配市場和資源。

市場銷售管理最基本的動作就是把管轄的市場分成多塊，讓每個銷售人員各負責一塊。如果分得不好，可能會造成各個分市場之間業績難以界定，會破壞團隊的積極度，或者因為分市場與銷售人員的搭配不當造成市場管理效率下降，這些都會影響團隊的整體業績。

如果說分配一個空白市場很困難，那麼在既有格局中分配市場則更加複雜。經常改動銷售人員與相應市場以及產品的連結，固然容易帶來損失，但過分害怕「越線」，每個銷售人固守自己的地盤也會滋生惰性和風險。

新人剛進來的時候，很多「肥沃」的市場已經被分配殆盡，導致新人難以立足的事常有。但如果把產出高的市場或產品劃分給能力尚有待證明的新人，又可能損失短期的業績。新舊市場或產品與新舊銷售人是一對矛盾。

我曾應一家公司高層邀請，對他們銷售團隊的高流動率做診斷並提出建議。這家公司不到二百人的團隊負責十幾個產品的推廣。獎勵制度和銷售資源的分配與銷售額完全掛鉤。一些核心市場被其中二、三十人牢牢占據數年。這些年間，核心市場沒有一個人離開過，他們的業績占全公司近六〇%以上。其他高潛力市場沒有開發的資源，低產出的市場缺乏成長的動力，除了幾個高業績的產品，其他產品的貢獻總是很低。周邊市場的人員不停更換，或被動或主動地離開，公司整體業績隨著市場穩步成長。銷售團隊的領導人也經常更換，但業績也沒有因此出現大的波動。再走近一步，發現每個核心市場的銷售人背後都有高層的影子。每當有人提出重新分配市場，都會因為擔心業績震盪而作罷。

從實際結果來看，公司沒有理由不重視核心市場的這二、三十位銷售人員，因為他們支撐了公司的現金流，沒有他們，公司的業績將慘不忍睹。可是，也正是他們的存在，讓其他人看不到希望，業績雖好卻無從效仿，同樣的努力甚至更加努力卻回報甚少，從而造成巨大的心理落差。新舊兩派人幾乎水火不容。管理層對於老員工的偏愛，無論是迫不得已還是情不自禁，都是趕走新人的巨大「力量」。

當然，這二、三十人所代表的也只是公司深層問題的一個表象而已。但是如果能從這個表象入手，不是沒有可能帶出更深層的問題，並加以解決。可能的選項，就是下決心重新分配市場，或重新分配產品，或變更資源配置的方法。

讓每個人分得的市場潛力相當

▼業務團隊管理便利貼

目標與市場資源的配置要大體相當，不能因為員工的異議而輕易改變。

分市場，不是分配現有市場，而是分配市場潛力。可是，預期的業績需要多少以及什麼樣的客戶瞭解、接受並使用我們的產品才能達到？每個人能管理的客戶數量是有一定限制的，依據這個限制，就能計算出所需銷售人員的總數。

縱觀整個市場，為什麼在高潛力市場中人員分配會密集一些，而次重要的市場人員分布會少一些？這裡有一個潛在的原則，就是每個銷售人員分得的市場潛力應該是大致相當的。不過在實際工作中，很少有人會嚴格按照這個原則去做，例如中國的市場夠大，哪兒都可能有足夠的市場空間，哪兒都可能成就一個銷售冠軍。

有一位資深業務銷售代表，總銷售額很漂亮，但銷售成長乏力，每次分配績效指標都是一次激烈的「交鋒」。他人緣極好，大家都願意聽他說話，像說相聲一樣，有他在不愁團隊不活躍，同事們私下都把他當「諧星」。但對他的直屬主管來說，他的這種影響力同時也是一種壓力。

在一次公司年會上，這位「諧星」出人意料地站起來向講臺上的人「發難」。即使是發難，他也能引發笑聲。他發言的大意是，自己所在市場的潛力偏小，承受不了這麼大的業績目標，因此建議公司的高層考慮調整一下。這讓接他話的團隊領導人很不自在，既不能掃大家的興，又不能模糊自己的主張。不過，接下來的幾個問題還是把氛圍自然地扭轉到理性思考的狀態。

經理：「你說負責市場的潛力小，是和哪裡比？」

諧星：「和業績目標比起來，潛力不大。除非您搬到這邊住，這樣我們的消費力道會大一些。」（眾笑）

經理：「這麼說來，我們的資源配置有些問題。總體說來，我們團隊人數偏少，怎麼也不能把有限的人員分在市場潛力小的地區吧。這樣吧，我們要對市場潛力重新評估。」

諧星：「不愧是領導高層，知錯就改，光明磊落。關鍵是您當初沒問我。」（眾笑）

經理：「現在問你也不遲。既然你覺得那裡潛力小，有你的鼓勵，我就決心糾正這個錯誤。我會調你去潛力更大的地方，這個決定你不會感到意外吧？配套的決定是降低原單位的目標，以及與此相應的銷售預算……」

諧星：「請等一下，在您決定之前，我能不能再核對一下原來的市場潛力？」（全

場大笑）

當時只有一個銷售人員在天津推廣兩個產品，剛剛起步，怎麼會遇到潛力問題？誰都看得出，該業務銷售代表聲稱市場潛力小，無非是為了降低業績目標，同時又不願意減少資源。

合理分配的三大原則

▼業務團隊管理便利貼

就近性、客戶總數和產品分配情況，是合理分配市場時的三個主要考慮因素。

理性的分配方案，即不受現狀干擾的市場分配方式是什麼？回答這個問題，需要一點「無情」的力量，要硬起心腸設計一個理論方案，先不考慮因此會給團隊帶來怎樣的混亂。在這個方案當中，**區域分配的合理性、產品組合的合理性、客戶類型的合理性**都要協調統一。

在設計市場分配方案時，一個重要的原則是，對團隊裡的所有銷售人員**只考慮其經濟屬性，而不考慮男女之差及關係的遠近，沒有能力之別，也沒有先來後到之分**。同時在設計時，也要考慮到特殊的限制條件，即**平均一個銷售人員能管理多少個客戶，有效管理多少個產品**。回答這些問題要考慮產品處於生命周期的特殊階段、市場開發的成熟程度，以及對手的資源配置情況，等。也要考慮在地理位置上、客戶之間的協同性上，以及產品組合上需要做出怎樣的有效安排。

有效分配市場，總要找一些依據，作為分配的原則。

市場分配原則1：就近原則。即透過讓一個銷售人員的市場區域相對集中，來提高銷售時間的利用度，不至於把過多時間花費在路上。

市場分配原則2：參考客戶總數原則。即一個銷售人員能管理的最多客戶量。這當然要依據客戶的類型而定，也要依據產品的特性來定。如果目前客戶對產品的知曉率低，且產品比較複雜，能有效管理的客戶總量就會變少。從另外一個角度計算，如根據每天能有效拜訪客戶量和拜訪客戶的有效頻率，就可以算出一個銷售人員能管理的客戶總量。若要省事，直接參照一下公司其他團隊的人均客戶總數也未嘗不可。

市場分配原則3：考慮產品分配原則。一個銷售人員究竟能「照顧」幾個產品？這當然與產品的性質和產品生命周期的階段性有關，也與這些產品之間的邏輯聯繫有關。如果說同一個客戶與這幾個產品都相關，這樣每個銷售人員可以管理的產品數量就會增加；相反，如果每個產品的客戶互不相干，沒有重疊，一個人能管理的產品數量就會大打折扣。

一三二七市場分配原則

業務團隊管理便利貼

市場分配應以最小變動為原則，靈活平衡長短期利益以及既得利益者和能者多得者之間的關係。一三二七市場分配原則只是一個例子，不必照搬，但可以作為參照。

我曾經用過一個市場分配原則，就是**一三二七市場分配原則**。

這個原則是指一個銷售人員要以「一」個產品為主，在「三」家大醫院著重推廣，以「二」個產品為輔，在「七」家小一些的醫院推廣，這就是「一三二七」。當然，這是針對當時產品組合的實際情況，以及產品周期的特定階段提出的市場分配原則，只反映當時的市場管理需求。做完上述功課之後，應對比現有和理論的市場分配，充分運用智慧和情感，以最小變動為原則，靈活地平衡短期和長期的利益，平衡既得利益者和能者多得者的關係。

也許你根本就沒必要調整現有的市場分配，也許調整了卻沒有做得這麼複雜。無論是哪種情況，你都應該感到慶幸。因為調整市場實在不是一件容易的事，而且極有可能吃力不討好。

身為業務銷售經理，分市場、分產品著實是一個最基本的決策。而且，有些事情不能因為怕就不做，更不能做了卻不徹底。沒有做過，就等於沒有體驗，也就沒有發言權，那是業務銷售經理的遺憾。

其實，也沒有那麼麻煩。決策完畢，就需要執行這個決策。決策的過程中，要盡量維持一個原則，就是在分市場、分產品的過程中，盡量做到少變動。而且，在這個過程中要盡量展現對團隊成員的瞭解，瞭解他們的生活、他們過去的工作模式、市場觀察、對產品的熟悉程度，以及已經取得的業績，等等。

無論得到多少關心，都不會有人心甘情願地損失自己的利益。例如，本來有兩家醫院都做得不錯，銷售量很大，現在卻需要拿出一家給別的同事，這在心理上無論如何都難以割捨。任你說破天，該不高興還是不高興：「要高風亮節，你找別人去吧。」

身為業務銷售經理，這個時候不宜講過多的大道理，也不要強人所難。要擁有這樣的立場：第一，這是團隊的重要管理舉措，團隊成員有責任回應，要先考慮整體利益，畢竟有了鍋裡的，才有碗裡的。第二，講清楚短期利益與可持續利益的關係，再說，短期利益受損，未必補不回來。第三，指標和資源的分配，也是調節利益的有效力量，不可忽視。第四，退一步講，一切僵化不動就是上上之策？就一定不影響自己的利益嗎？

列出幾種市場分配方法的利與弊：按照市場區域分、按照產品類型分、按照客戶類型分等。無論用什麼方法分市場，最後都必須保證團隊的業績能分得清楚。

Part 4

危機應對3法則

法則1

衝突未必都要化解

業務銷售經理不要期待團隊沒有衝突。一來不實際，因為衝突在團隊裡總是存在；二來沒必要，你是管理衝突、利用衝突的人，而不是要徹底消除衝突。衝突會為管理增加麻煩，但也會為管理憑添力量。

直到今天早上上司和他談話之前，傑克對自己處理團隊衝突的能力還算是挺有自信的。第一，他自己心懷公正，不偏不倚，已經得到團隊認可；第二，在技巧上，他並不急著下結論，能夠做到兼聽則明；第三，在原則上，他只針對當事人，對不在場的人絕不說三道四。有了這三條準則，即使偶有不妥，大家也還是會買帳。

至於團隊成員對銷售資源和獎勵機會的爭奪，以及每個季度對業績目標分配的爭執，傑克早已習以為常。因為這和公司的總體戰略相關，不是傑克一個人能決定的，所以，每當出現類似衝突的時候，他只能向團隊表示無能為力。他也經常把下屬的意見反映給上級主管，上級主管也常常耐心地和團隊做溝通，每次都能做到讓團隊欣然接受。

可是早上，當傑克再一次向上司反映自己團隊對新目標的看法之後，上司的一番話讓傑克不知所措。上司說：「首先，團隊對業績目標有意見，你要負責解釋清楚。以前我之所以替你解釋，那也是一種輔導，現在輪到你自己來了。其次，你要這樣想，團隊裡所有的衝突都因你而起，不然，你就無法真正解決這些層出不窮的問題。」

上司並沒有多作解釋。傑克雖然對上司的話將信將疑，卻也別無選擇。他很納悶，明明是超出自己管理範圍的問題引發了衝突，為什麼卻說是「因我而起」？

管理衝突

業務團隊管理便利貼

凡是團隊，必有衝突。平靜看待並接受各種衝突的存在，是管理者必須做好的日常功課。發現衝突背後的深層差異，可能就是新的業績成長點。

目標與預算，競爭與資源，短期與長期，個性與紀律，結果與過程，原因與藉口，理性與感性，保密與謠言，外部客戶需要與內部服務流程，市場分配與客戶劃分，業績考核與團隊激勵，沒有一處不存在矛盾衝突。你怎麼看待衝突，決定了你怎麼對待衝突，甚至創造並利用衝突。

凡是團隊，必有衝突，有些衝突有益團隊目標的達成，有些則不是。業務銷售經理不要期望團隊總是風平浪靜，凡事都能協調一致，這不切實際。**平靜看待並接受各種衝突的存在，這就是管理者的日常功課。**

身為業務銷售經理，非要消除團隊裡的衝突嗎？對很多人來說，答案恐怕是肯定的。作為領導者當然要化解矛盾，統一思想，把團隊擰成一股繩，這樣才能完成團隊的任務，不是嗎？可是化解矛盾並不等同於消除矛盾。不是所有矛盾都能消除，而且這也不符合現實。

說歸說，因為擔心起衝突，每個月給團隊成員的表現打分數的時候，作為業務銷售經理，你會選擇讓大家的分數不相上下，還是選擇讓那些銷售好的人分數更高？你會因為評分標準不客觀、不統一而表示出「強烈」的不滿嗎？還有，你會不會為了選拔一位公司明星候選人而發愁？如果你對這些問題給出肯定答案，那可能就是害怕衝突的症狀。

衝突是力量的外顯，這外顯的力量有時候會帶來混亂和破壞，有時候則會幫我們衝破阻力實現目標。業務銷售經理如果不能抓住團隊中這股或明顯或暗藏的力量，是不能有效管理團隊的。不同的銷售人員，銷售行為和想法也不同，他們對市場和資源的衝突會催生出更有效的市場計畫。如果團隊成員間都表現出謙謙君子之風，這個團隊的活力或創意精神可能就會被掩蓋。

例如說上個季度，你發現團隊的總體業績不理想。可是細看之下，每個人的業績又都一樣，沒有人更好，也沒有人更差。這時候團隊內部倒是沒有衝突，但是，銷售團隊可能正遭遇管理上的困境，因為你不知該從何處入手改善業績。這個時候，如果能進一步發現不同銷售人員在不同市場上以及不同客戶類型之間的業績差異，那麼這個差異就是團隊業績成長的新動力。這裡就展現了差異和衝突的價值。

你新招了些人員，和原先的團隊成員自然就會有一些「分別」，有的是「你的人」，即你招募的人；有些「不是你的人」，即不是你招募的人。即使你不這樣想，但如果放任這種「分組」，很快就會產生新舊團隊成員間的明爭暗鬥。你無論怎麼做可能都會成為他們「受害者」版本的注腳，不是指標給得多了，就是資源給得少了，反正怎麼做都不對。在這種情況下，業務銷售經理實際心裡是怎麼想的已經不重要了，因為也沒有人聽你解釋。這樣的衝突就是銷售經理應該留意並及早化解的。

業務銷售經理不要期待團隊沒有衝突。一來不實際，因為衝突在團隊裡總是存在；二來沒必要，你是管理衝突、利用衝突的人，而不是要徹底消除衝突。衝突會為管理增加麻煩，也會為管理增添力量。以新舊成員的矛盾為例，你要有意識地對衝突各方因勢利導，基於業績等因素把團隊分為四組，而不是原來的新舊兩組。由此帶來的新「衝突」，可能會極大地引發團隊業績發生結構性變化。因為每個人的注意力不再是在公司工作的年限，或者每個人的出身，而是客觀的業績，以及對市場、客戶的瞭解程度。

學會中立

業務團隊管理便利貼

業務銷售經理作為團隊的領導者，在面對衝突雙方時，需要把衝突雙方提供的資訊更有效地歸類。經理的眼裡永遠關注團隊的目標，而不是誰對誰錯。

一旦在對與錯上糾纏，人們就習慣製造出輸贏雙方。可是，解決衝突的目標不就是找出一個輸家或一個贏家嗎？同一件事，每個人的判斷標準不同，得出的結論和解決的辦法就不一樣。再說，團隊裡的很多事也不是一個對與錯就能化解的。**明智地遠離對錯，不斷澄清各方的標準，才能發現有效的解決辦法**。

不管是從成長環境、教育環境，還是人的天性來看，很多人對錯誤很敏感。所以在日常工作中，每個人都會本能地讓自己遠離錯誤，靠近正確。孩童時期就是如此，小時候看電影，第一件事就是要弄清楚到底誰是壞人、誰是好人。好在那個時候的電影比較容易辨認出誰是壞人。讓人迷糊的是後來聽父親講三國的故事，當我不停追問到底誰是好人的時候，父親說沒有什麼好人壞人。那時候對父親給出的答案完全不理解：故事怎麼會沒有好人壞人呢？下意識地覺得，好人做什麼都是對的，壞人做什麼都是錯的。

在實際工作中，分出對錯是簡單低效的方法。業務銷售經理作為團隊的領導者，在面對衝突雙方時，需要把衝突雙方提供的資訊更有效地歸類。因為經理不是法官，只是管理者；經理不是裁判，而是領隊。經理的眼裡永遠關注團隊的目標，而不是誰對誰錯。這不是是非觀的問題，而是是否能持續達成業績目標的問題。有些衝突不處理，當然會影響業績達成，但區分對錯並不能有效地排除干擾。

有人提出一個觀點，恰好你不同意，大可以上前辯論一番，道理本來就是越辯越明的，這也恰恰證明了提出這個觀點的價值所在。在辯論過程中，雙方都重新思考了自己的主張，至於是非對錯本身，的確已經變得不那麼重要了。

作為業務銷售經理，要做到態度明朗不和稀泥，就要做到**中立**。中立，並不是假裝公允，而是不帶偏見地傾聽，澄清雙方衝突的焦點。也就是說，銷售經理不能在一知半解、不知全貌的情況下，簡單得出結論並採取行動。**即便有了初步判斷，也要把它當成需要證明的假設來對待，千萬要避免過早下結論**。不學會中立，人就很難學會有效地調解衝突。中立也不是不偏心，各打五十大板的衝突處理法只能催生兩個輸家。所以，偏心的領導者不可怕，關鍵問題是「偏向什麼」，而不是「偏向誰」。

統一目的是協調的基礎

▼業務團隊管理便利貼

統一目的才是協調的基礎。任何衝突都可能在不同層面的目的上達成一致。

當各方爭論不可調和地走進死胡同的時候，什麼才能帶來柳暗花明？引發衝突的，必定是各方的目的，解決辦法也必定是針對各方的目的。無非是從時空兩個角度重新界定目的，即要嘛在時間上拉伸，要嘛在層次上拔高或寬度上拉開。調整後的目的使各方各取所需，皆大歡喜。**調整後的目的應該是多選項而不是單選的**。

業務銷售經理應該用不拘對錯、中立的思維方式瞭解現狀、澄清真相，進而推進衝突管理的進程。一個重要問題就是了解各方的需求：「你希望這件事怎麼辦才好？」

幾個朋友一起出去吃飯，有人想吃湘菜，有人想吃川菜，有人想吃淮揚菜，如何協調？單從這些選項上看並沒有調和的餘地，即使選擇一家都有這些菜系的餐廳，也可能不是那麼地道，這樣的餐廳附近也未必有，即使有，也容易出現每個人都不完全滿意的局面。如何解決這個衝突呢？如果每個人要吃到自己想吃的，自己去吃飯就行了，可是這並沒有解決問題，因為大家在一起吃飯才是目的。找一家地道的餐廳大家一起吃，下次再換另一家如何？從時間上調整，最終讓每個人都能吃到一次自己喜愛的菜，這能解決嗎？可能也未必行，因為他們未必有這麼規律的聚會。

那再想想，吃飯，無非是讓自己吃飽，就選擇最適合朋友聚會的餐廳如何？可能也沒有解決，因為吃飯不只要吃飽，還要吃得營養、衛生和健康。如果是這樣，營養、衛生以及健康就成了選擇餐廳的新標準，這就可能超越菜系的不同。一旦有了協調統一的目的，衝突便不難解決。最後，也許只是降低要求便能解決衝突。如果其中一人只能選擇清真食品，要想讓每個人都能在一起用餐，也許清真餐廳才是唯一的選項。那個「千古一問」也是一樣的道理。

老婆問：「我和你媽同時掉進河裡，你先救誰啊？」

老公（開始絞盡腦汁地想）：「那要取決於河水深不深。」

老婆：「深，會死人的那種。」

老公：「還要看是什麼時間發生，說不定那時候你已經會游泳了呢。」

老婆：「就現在，我的意思是我和你媽都不會游泳。」

老公：「那還要看看周圍人多不多，說不定有人更快出手救了你們呢。」

老婆：「沒人，一個人沒有。行了行了，不要囉唆了，你就痛快點吧。」

老公：「那我還是先死了算了。」

老婆：「不行不行，你這是不負責任。」

如果一個人老是糾纏在這種衝突裡，的確還不如也跳河算了。學習過「管理衝突」的業務銷售經理，再也不必為這個問題糾結了。這個衝突裡的焦點是到底救老婆還是救老媽，解決的辦法是救「人」。真正負責的男子漢在這個時候不必區分誰是誰，而是應該就近能救誰就救誰，能先救誰就先救誰，能救多少人就救多少人。這樣就解決了衝突，而且委婉地提醒對方不要再提這種狹隘的問題。

統一目的才是協調的基礎。任何衝突都可能在不同層面的目的上達成一致。業務銷售代表和銷售經理最常見的衝突是在業績目標和資源投入方面討價還價，即使有的團隊沒有這樣的現象，也不等於沒有這樣的動機，只是有的不敢或者不願把這個矛盾激化而已。因為業績目標的高低、投入的大小，都決定著達成的機會大小；而業績目標達成與否，直接決定獎金數額，甚至是團隊的前途。貌似也是不可調和的矛盾。

有三個因素可以說明怎麼統一各方目的：

業績目標和資源是呈正相關的。換句話說，想要更多資源開拓市場，就需要承擔高業績目標的壓力。

掌握資源才能取得更大的成功。也就是說，老是不肯背業績就會影響資源的獲得，只會讓自己在團隊中的貢獻下降，影響自己將來的職業發展。

短期的獎金收入未必意味可持續的高收入。短期相對較低的業績目標，只能帶來眼前獎金計算上的好處，付出的可能是喪失持續發展的代價。越是不敢背業績，就越得不到使用資源的機會。當然，短期風險越小，需要的銷售技能也越小，可這是銷售代表工作的目的嗎？引入這些變數，才能在業績目標以及資源投入方面統一方向。

團隊會議上，雙方起了爭執，互不相讓。作為業務銷售經理，你必須出面制止這種不得體的舉動，以免對團隊造成不良影響。可是，無論是一聲「閉嘴」的喝斥，還是苦口婆心的勸誡，都只能得到雙方心不甘、情不願的妥協。而且，他們恐怕還覺得領導者只是在和稀泥，有種被打五十大板的委屈。你要提醒他們：「你們來這裡工作，是為了逞口舌之快，還是為了展現自己的優勢？你們究竟是為了在會議室贏得吵架，還是在市場上贏得競爭？你們是不是以為贏了對方，就贏得了成功？」

適當製造新衝突

▼業務團隊管理便利貼

業務銷售經理不僅要接納當下的衝突，如有需要，還可以利用「腦力激盪」等方式適當製造衝突，這可以激發團隊的活力和創意。

在平靜的海面上無法衝浪。適當地製造一些衝突，能在動態中激盪出打破現有心智模式的微環境，從而促發思考，啟動新的行為模式。

大家對「腦力激盪」都不陌生吧？這是一種系統地集思廣益的遊戲。為什麼需要腦力激盪？一堆人在一起，圍繞一個議題，提出大量主張和解決方法，然後再從可能性、可行性以及影響力等方面去篩選，從而得到一個有價值的行動方向。這就是人為製造衝突、激發創意的一種方法，是團隊力量和團隊智慧的直接展現。

業務銷售經理領導一支團隊，需要接納當下的各種矛盾衝突，這不僅僅是胸懷的問題，也是對團隊目標是否有清晰認識的直接展現。也就是說，**除非影響團隊的目標，否**

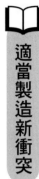

則不要去干涉任何現存的衝突。相反，為了團隊目標的達成，如果需要新的衝突，就要毫不猶豫地去製造這些衝突。

每個人在公司的服務年限都不同。團隊成員有新舊之分，所做的產品可能也不同，所在市場成熟度不一樣，當然，對團隊業績的貢獻也有高下之分。如果在你的頭腦裡，認為團隊成員也有新舊之分，那麼無論你怎麼做都難逃「偏心」之嫌。而且，新舊成員雙方背後的嘀咕可能一樣多，無論是解雇機會還是培訓機會，也無論是分業績目標、分資源、分市場，還是分你的注意力。

積極面是，他們之間可能會互相較勁，業績交替上升。但是這種力量沒有保障。因此，你需要另一種更有效的劃分來應對新的衝突。例如，根據每個人業績的貢獻率和成長率這兩個因素把團隊分為四組，這四組人之間的關係以及他們之間由於不同所帶來的動力，可能對團隊整體的業績產生很大推動。

不同的團隊，對業績的側重點也不同。你也可以不選擇以貢獻和成長為標準，而是選擇以目標達成、投資回報、不同客戶群、不同產品所帶來的業績等因素來劃分你的團隊。劃分會產生新的衝突，有了衝突，就會產生新的、橫向的力量。

法則 2

建立應對突變的機制

厲害的團隊就像人體，衝突與協調並存，自成一體又與外界環境關係密切，動態中維持著極強的平衡和自我修復能力。

傑克：「很討厭工作中的突然變化。」

教練：「是啊，聽說最近團隊有變化了，對嗎？」

傑克：「是的。」

教練：「能夠應對嗎？」

傑克：「能。但是很討厭這樣沒完沒了的變化。」

教練：「你希望一切不變嗎？」

傑克：「……不是，我只是希望按照自己的節奏來改變。」

教練：「所以你不是討厭變化，而是討厭變化由不得自己主導。」

傑克：「是的。」

教練：「你希望的變化和現在已經發生的變化，差別在哪？」

傑克：「還沒有比較過。」

教練：「也就是說，你還不能確定要不要討厭這個變化，對嗎？因為你並不清楚這個變化和你要的變化之間是不是有顯著差別。」

傑克：「你把我搞糊塗了。」

教練：「真的是被搞糊塗了嗎？既然你自己也希望變化，何不利用這個機會實現呢？」

傑克：「可是這兩個變化的確不一樣。怎麼能夠相容呢？」

教練：「有著怎樣的不同？首先要抱著探究的心態，才能發現變化中的機會。」

慎重對待結構性費用變化

業務團隊管理便利貼

處理費用增減的問題時，首先要判斷費用的性質。一次性費用的增減相對容易管理，但對待結構性費用的增減應慎之又慎。

當你有更多預算可以支配的時候，看費用的大小，適當安排參與人數更多的大型活動，這樣的活動聲勢大，短期內雖然未必有效，但中、遠期就可能看到。**千萬不要把一次性增加的費用，按照銷售額的比例分給團隊成員，變成短期的促銷費用**。

公司要求減少費用，你有一千個理由感到為難，因為所有費用都計畫好了，的確很難改變。你會產生得而復失的糟糕感覺，而且客戶也已經參與了。如何同時安撫團隊與客戶？如果是結構性地改變行銷費用，就預示著結構性地改變客戶或者行銷活動計畫；如果是資源的一次性調整，就相對容易得多。

上司對你說，給你們團隊又撥了五十萬元銷售費用，你如何分配這筆費用可能就是一個麻煩。因為你需要確定分配的原則。是按業績目標多少分，還是按實際銷售額大小分？是按人均分，還是在新舊產品之間分？或者是在新舊市場之間分？到底是用在新客戶的開發上，還是用來維護老客戶的忠誠度？

當然會有人說，根據區域計畫確定每個人增加或減少多少費用。但是制訂任何計畫之前，都要有一定的指導原則，不然做得五花八門，什麼決定都做不出來，只是白白浪費了時間。

業務銷售經理當然也可以決定，用新增的預算組織一場大型的銷售活動，而不是把預算分給團隊每個人。即便如此，還是需要決定開發什麼樣的客戶。而且這樣一來，每個銷售人的名額又有差別，還是面對分配，那些老問題照樣存在。再說，這樣的活動效果又如何評估？使用這筆額外的預算，到底是化整為零更有效，還是統一使用更震撼？

增加預算尚且困難，那麼減少預算呢？如果老闆讓你們團隊砍掉五十萬元的預算，又該怎麼砍？減少誰的費用？從什麼產品上減？減少哪些行銷活動？如果都是原本計畫好的，甚至是正在執行且已經通知客戶的活動，怎麼樣說停就停？

公司既然明確提出這樣的要求，就先別忙著動用情緒反應，嘗試讓他們收回成命。

或者現實一點，立即著手計畫如何才能做得成。那麼，究竟怎麼處理這類費用增減的問題？恐怕沒有統一、簡單的答案。處理這個問題，一個重要的步驟就是判斷費用的性質。

如何判斷費用的性質？要看看這些費用到底是一次性的，還是結構性的。這兩者的區別很大。舉個例子，年底砍費用，多半是一次性、臨時的費用控制，因為這並不影響來年的預算；但是，如果某個產品的費用大規模縮減，必須砍掉所有「線上行銷」費用，這可能就不是一次性的預算控制問題，而是對這個產品的行銷方式的改變，這就是結構性的變化。

人們通常說「救急不救窮」，為什麼？救急是一次性且有限度的；而「救窮」就是結構性且持續的，甚至是制度化的行動，很可能也是沒有底線的。**舉辦奧運會的費用是一次性的，而西部大開發就是結構性的；賑災捐款是一次性的，而希望工程就是結構性的。**

一次性的費用，無論增減，都相對容易管理。取消一場學術會議，讓團隊成員向客戶解釋一下，雖然客戶多少會不高興，但是過去也就過去了；可是對那些有著長期影響的研究項目，如定期舉辦的學術沙龍、定期考核的繼續教育項目，一點點的改變，對業績的影響可能都是巨大的。這樣的例子在實際工作中不勝枚舉，不可不慎。

基本的業績維護費用不能動

▼業務團隊管理便利貼

短期的、基本的業績維護費用一旦改變，就會顯著地動搖當前業績的根本。如果沒有準備好高額的改革成本，這些費用是不能動的。

那些有著長期影響的、大規模的系列行銷活動，例如品牌建設或廣告投放，是對費用增減最敏感的預算部分。那些和當下業績息息相關的基本維持費用是很難減少的，因為這樣的費用一旦減少，對業績的影響也會是立竿見影的。那些公司高層直接組織的活動通常是可以減少的，而一線銷售人的活動費用，通常是不能減少的。當然，實際工作中的情況可能恰恰相反。

每一種銷售預算的效用可能都不一樣，這些效用是透過行銷活動展現出來的。從預算影響的階段來分：有些影響是長期的，有些則是短期的。例如，銷售經理往往不願意同那些高端的專家打交道，因為他們對短期的業績影響不大，但需要的資源不少。

當然，誰也不是傻瓜，每個人都知道要和自己所在領域的頂級專家打交道，因為這樣對自己公司的長期業績是有好處的，而且這個影響會擴散到自己的區域之外。實際工作中，如果不是公司硬性規定，如果不是「專款專用」，很少有業務銷售經理願意分出那麼高的費用來做只有長期影響和寬泛影響的行銷活動。

所以，計畫之外的費用增減，往往都在「長期」影響的活動上做文章，如培訓費用、新產品研發、新市場拓展及新市場開發等。要減，就減這部分費用，要加也加到這部分費用上來。如果把新增的預算用在短期促銷活動中，也不是不可以，肯定會有好的效果，但這種效果持續的時間也很短。

從使用銷售費用的功能上分，有的是為了拓展新客戶，有的是為了維護老客戶。新的客戶拓展費用不低，短期效果並不明顯。所以，加減費用，往往從新客戶活動費用上著手。從不同產品的行銷費用分配上來看，有的是為了鞏固老產品，有的是為了拓展新產品。相應地，增減費用要從新產品預算上展開。

短期的、基本的業績維護費用一旦改變，就會顯著地動搖當前業績的根本。如果沒有準備好高額的改革成本，這些費用是不能動的。為了銷售成長而開展的線上、線下活動，新產品、新市場、新客戶的拓展活動，雖然對公司也是至關重要的，可影響畢竟是中、長期的。可以透過改變優先次序、改變活動形式以及改變活動的規模和頻率來配合既定的費用增減。

結構性費用也不能動

▼業務團隊管理便利貼

結構性費用是不能改變的費用。這部分行銷經費雖然花了沒人說好，但對業績的影響也最大，所以你必須保留。

一次性的活動費用是非連續性的，通常是和當前的實際業績脫鉤的活動費用。這部分費用不是客戶自然預期的。增減這一類型的行銷活動，在活動規模、活動時間以及活動形式上靈活調整即可，影響也是可控制的。

實際上，說是一次性活動，只是在強調這類活動的非連續性特點而已，不一定真的只做一次。大多數公司往往一想到砍費用，就想到廣告費用、培訓費用、諮詢專案預算以及那些大型活動預算，因為這類活動做了固然好，不做也不至於馬上影響到短期的業績。

站在一線團隊的角度，這類活動並不是很多。一個蘿蔔一個坑，每個活動都和具體的客戶相關，只是關聯的強弱不同。**需要增加或減少預算的時候，有個比較實用的辦法：凡是涉及很多人的大型活動，要優先考慮**。因為這樣的大型活動對參與人員的針對性不是很強，有點大鍋飯的意思，即使取消了，對大多數人來說可能也沒有切膚之痛。其次要考慮的，就輪到那些參與人數相對較少的活動。最難改變的是個性化的客戶活動，尤其是已經通知了具體活動時間和地點的活動，一旦改了，很可能也就得罪了那個客戶。

所以，當你有更多預算可以支配的時候，根據費用的多少，適當安排人數更多的大型活動，這樣的活動聲勢大，短期內雖然未必有效果，但中、遠期可能看到。千萬不要把一次性增加的費用，按照銷售額的比例分給團隊成員，變成短期的促銷費用。打個比方，就是不要把獎金當作固定的薪水，不然，當拿不到獎金的時候，就會有降薪的感受。

分行銷經費，花了沒人說好，不花則招致怨恨；所以，對這一類型費用的管理也最難，對業績的影響也最大，但你必須做。

結構性費用是不能改變的費用。如果整個銷售預算是一座房子，結構性費用就如同那些承重牆。你會因為裝修去挪動或拆掉承重牆嗎？當然不會，除非你想推倒重來。

接著上一個比方，不把獎金當薪水，是為了避免將來的心理落差。那如果真的需要降薪資呢？不願意降，可是如果非降不可呢？真的把這些維持現有銷售的費用給降了，客戶預期的活動就此打住了，如果市場上其他公司也這樣倒也沒什麼，如果只有你一家公司這麼做，無疑就會在市場上大踏步地倒退，等於把辛苦打下來的市場，拱手讓給對手。

如果非要如此，你有兩個選擇。一是製造僧多粥少的局面，每個和尚都吃不飽，但時間長了，可能都餓跑了。二是製造僧少粥少的局面，把服務的客戶總數給降下來，長痛不如短痛，這樣客戶雖然少了，但客戶滿意度還在，總體來說改變的是規模，而不是力度。

鍾鍊團隊的彈性和韌性

▼業務團隊管理便利貼

團隊的自我修復能力才是我們應該建構的核心能力，也是競爭對手難以模仿的部分。產品、技術、業務模式都不是什麼長久制勝的法寶。

可以藉著行銷費用增減的機會，加強團隊之間的溝通，規範一些流程，同時鍛鍊一下自己團隊的彈性和韌性。他們可能需要和很多人溝通，可是，時時刻刻都要留意自己到底想要什麼。

無論是增減人員，還是增減費用，都需要有技巧地與團隊進行有效的互動。你也可以看到每個團隊成員在這個轉變過程中比較真實的一面，那才是構成團隊的真正支點。在這個過程中，也許會有不愉快，但如果能在這些或主動或被動的變化中，做到形散神不散，一支真正的團隊就會出現，一個優秀的銷售經理才能成熟起來。

真正的團隊一定是有極強的自我修復能力的。穩定的工作氛圍中看不出哪支團隊更強，哪支團隊更出色。加上現在有關領導力的課程很多，相關書籍更是俯拾皆是，似乎誰都可以對領導力發表自己的看法。一旦遇到突發變化，每個團隊的表現才能看出分曉。

團隊的自我修復能力才是我們應該構建的核心能力，也是競爭對手難以模仿的部分。產品、技術、業務模式都不是什麼長久制勝的法寶，沒有哪家公司超一流的技術能夠支撐起他們可持續成長的抱負。同樣是蘋果、IBM這樣的出色企業，不同的團隊領導者組成的不同團隊，其業績差異也會是巨大的。作為公司最基本的團隊單位，業務銷售經理領導的團隊就是一家企業優秀程度的最直觀寫照。

從這個意義上來說，業務銷售經理**不只是要應對變化，還要主動創造變化的機會，為公司摸索出更為出色的客戶管理模式。**

現在就學著建立一個「緩衝集區」，費用多了就放進這個池子，費用少了就從池子裡取。一旦變化來臨，也不至於手忙腳亂。

法則 3

危機就是機會

雖然周圍的每個變化都會對管理帶來挑戰，但沒人會徒勞地期盼毫無變化、毫無干擾的工作環境。只有接受並處理變化，甚至主動求變，才能好好抓住機會。

自從隨時記下業務團隊管理便利貼以來，傑克有了幾個變化，即「三多三少」。提問多了，讀書多了，記錄多了；忙碌少了，慌亂少了，抱怨少了。反思以前總是有意無意地把自己弄得很忙的樣子，實際上是一種虛弱的表現，就是標榜自己沒有功勞還有苦勞。忙碌實際上還隱藏著另一種危險表達，就是到此為止，不要再給我更大的責任了。

團隊面臨的挑戰依然很大，但是再大的變化其實都是有解決方案的。再說，越大的變化，越能彰顯出卓越管理者的存在價值。傑克明白，有時遇到出乎意料的事情，自己內心還是會緊張，還是會慌亂。他同樣明白，自己在任何時候、任何情況下都是團隊的軸心，表現壓力的確能夠得到片刻的同情，但是那與獲得團隊的信任是背道而馳的。沒有信任，就不足以完成管理的任務。當然，傑克也不會假裝不慌亂、不緊張，但他有自信當遇到出乎意料的變化，他總會把注意力立即引向澄清狀況、界定問題或尋找解決方案的思維上。甚至，反應遲鈍都比表現慌亂強。

傑克要求自己不要輕易放過自己不懂的詞，包括銷售、團隊、策略、目標、努力等。因為他知道，自己的疑問越多，可能性就越多；可能性越多，創造性就越大，思路就越開闊；思路越開闊，信心就越大；信心越大，就越容易達到銷售目標。對了，什麼是目標？目標就是管理自己注意力的唯一有效工具。

可是，這就是好經理了嗎？

不要浪費任何危機

業務團隊管理便利貼

工作中突如其來的變化在所難免，抵觸、煩躁或者憤怒都不明智。分清變化是量變還是質變，就不難找到解決辦法。

團隊處在一個動態調整的大環境中，總有一些出乎預料的事情從角落裡突然跳出來。你甚至還來不及細想它的合理性，也來不及抱怨，就已經有人考核你處理的進展了。例如團隊突然需要加人，這暗示著指標增加嗎？或者獎金要稀釋嗎？還是市場的重新分配？一切都是牽一髮而動全身的。同樣地，例如裁員，可能更困難。誰需要離開？什麼條件？剩下的市場怎麼辦？已經分配下去的指標怎麼辦？市場要重新調整嗎？

記得有人說過，不要浪費任何危機。同樣，作為業務銷售經理，要記錄自己如何把一個猝不及防的變化轉變為機會的過程，留意自己在這個過程中的角色、心理變化以及最後解決問題的細節。

突如其來的變化打亂了業務銷售經理既定的管理節奏，的確讓人防不勝防。面對突然的變化，人會本能地抗拒、煩躁甚至惱怒。人為什麼要抗拒呢？煩躁和生氣又是為什麼呢？探究自己的內心，答案其實就在那兒。抗拒可能是為了讓變化消失，雖然我們知道這不可能；煩躁和生氣是因為這個變化突然把自己逼到能力的邊緣，是在提示自己必須運用新技能來處理。試想，如果這些變化已經發生多次，你處理起來早已駕輕就熟，你的反應還會是煩躁、生氣嗎？當然不會。

有一次，公司決定在廣東市場加人。業務銷售總監和地區業務銷售經理討論這個決定的時候，地區業務銷售經理的第一個反應是：「能不能只加預算不加人？」

從旁觀者的角度來看，地區業務銷售經理到底是接受還是抵觸這個決定？從表面來看他是接受這個變化的，無非「要錢不要人」而已。實質上當然是不接受的，因為公司的決定是加人。地區業務銷售經理考慮的可能是人員的激勵問題，而業務銷售總監考慮的則是公司業務擴張問題。地區業務銷售經理的這個反應明智嗎？

就上面這個例子來說，在團隊裡加人這個決定，按理說地區業務銷售經理應該高興才是，畢竟團隊擴大了。可是，這個變化帶來的不只是工作量的增加，例如招募以及新人培訓這麼簡單，還涉及很多方面，例如現有市場的重新分配，指標、預算的調整等一系列瑣事。我想正是因為考慮到這些麻煩，地區經理才會有抗拒反應。這個反應不明智，卻可以理解。

那麼，如何反應才是明智的呢？問自己兩個小問題就可以了。面對心中馬上就要做出的反應，問自己第一個問題：**我的反應是不是符合自己的角色**？因為每個角色都有自己的目標，角色意識會時時協調自己的反應與目標一致。這個問題會延遲自己對外界的反應。接著問自己第二個問題：**這個變化會如何促進目標的達成**？因為每個變化都可能是機會，有了這份信念，地區經理面對變化的反應就是經過選擇的，而不再是衝動的了。

加人尚且如此，反過來，公司如果決定讓你的團隊裁員呢？你會讓誰離開？團隊整體指標以及預算又如何調整？讓團隊成員離開又涉及人力資源方面的很多事情，需要很多內部溝通和仔細的準備工作。從另一個角度想，團隊加人是讓團隊變大，團隊減人就是團隊變強的機會。對地區業務銷售經理來說，這是不是一個改變團隊面貌的天賜良機？

無論是突然加人還是減人，對習慣於平穩發展的業務銷售經理來說都是噩夢。養成一種習慣，把任何變化都變成對自己有利的管理機會，這無疑是自身價值質的飛躍，同時也是一個值得記錄的過程。

是量變，還是質變？作為進一步應對的重要前提，要判斷這是什麼性質的變化。不同性質的變化是根本的變化，再小也值得認真對待；相同性質的變化，再大也不值得大驚小怪。同樣增減一個人員，如果預示著一個團隊的去留，或者一個團隊的分與合，就是質的變化；如果是對一個邊角市場的管理，就是增減再多人員也不會根本性地改變團隊的狀況。

在一個多產品銷售團隊裡，往往會同時發生兩個變化：一個銷售額占整體銷售五分之一的大產品銷售合約即將到期，銷售團隊需要減人；同時，一個新產品的銷售合約剛剛簽訂，需要加人。問題是這兩個產品處於不同的領域，銷售模式也完全不同。

需要減人的團隊，不會因為減人而改變團隊的結構和銷售模式，所以只是量變。另一個產品的客戶極為分散，透過電子商務平臺會比傳統的人員行銷更有效率，所以招聘人員的要求也會不同，這是全新的領域，意味著新的業務模式正式植入目前的管理體系，是質變。

分清量變還是質變，處理的辦法也就不難找到了。對於量變，團隊裡現有的決策和流程大多是適用的，例如職位描述、招聘流程、離職賠償等。只要按照既定的流程，無論加人還是減人都會有「法」可依。

質變與量變不同，多半決定都需要討論，沒有現成的參照，有的甚至是牽一髮而動全身的關鍵決定，例如新職位預算和級別的界定等。想要弄清變化的性質，需要不斷澄清對變化之後的期望。如果這個期望是百分比的增減，往往不是什麼性質上的變化；如果期待的是幾何級的變化，這就可能是性質上的變化，可能需要在流程、產品分配、市場分配，甚至其他的資源配置上做出相應的調整，公司也必然會準備付出更大的成本來迎接這個變化。不澄清這次變化的性質，就匆忙做出反應，往往會吃力不討好。所謂「一將無能，累死三軍」，絕對不能做這種應變能力差的銷售經理人。

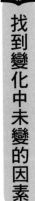

找到變化中未變的因素

業務團隊管理便利貼

要防止變化給團隊帶來不良影響，優秀的銷售經理會在變化中尋找不變，扭轉團隊氣氛。團隊注意力調整後，業績自然會開始顯現。

應對變化最重要的一步就是確定什麼沒變。如果團隊的規模有變化，但是戰略沒變、上司沒變，那或許就談不上是什麼根本性的變化；如果團隊的規模改變了，可是配置的資源沒變、指標沒變，這就可能意味著行銷模式的大轉變。

不變的因素，是讓處在變化中的團隊安心的因素。應對變化，最需要的是合適的團隊氣氛。不確定因素容易滋生謠言和猜測，是團隊氛圍的破壞者。因為人們在不確定的氛圍中容易輕信，容易聽信各種不明管道的消息。所以，**團隊的安定是業務銷售經理能夠有效應對變化的底線**。

能夠在所有的變化中找出不變因素，是頭腦冷靜的管理人的一個重要標誌。以不變因素作為立足點應對變化，才算是有了依靠。這個依靠可能是上司，因為上司沒變；可能是市場區域，因為區域沒有調整；可能是產品線，只要產品線不變，客戶就不會有大的變動；可能是獎金政策，因為獎勵政策不變，以前的努力照樣有回報。

宣布公司被併購之後，團隊裡像炸了鍋：人員凍結，業績指標不確定，活動計畫不確定，正在討論的獎勵系統調整擱淺，管道合作計畫、新產品上市計畫等都沒人決定了。這個時候是要繼續等待，還是採取行動？沒人提示。

這時，業務銷售經理站起來說，雖然有這麼多不確定因素，但有一點是確定的，就是我們自身的價值需要不斷提高。公司處在正常狀態時，我們成長很快；公司處在非正常狀態時，我們有機會成長得更快。現在是鍛鍊我們溝通能力的最好時機，凡是可能影響業績的不確定的環節，我們都要一級級溝通，得到確認；同時，該冒的風險也要承擔，推進事情的進展。

抓住一個關鍵的不變因素，扭轉團隊氣氛，團隊的注意力調整之後，業績自然就開始顯現。如何在變化中找到穩定因素？從公司的總體目標、戰略、組織架構，或者關鍵位置的人員上總能發現一些蛛絲馬跡。當然，不是說在公司的系統、流程、需要的技能以及考核指標等方面找不到穩定的因素，只是這些方面通常是變化的首要領域。

在動態平衡中主動求變

業務團隊管理便利貼

所有的平衡都是各種不同力量維持的結果，也都是短暫的。業務銷售經理如果不能主動尋求改變，與自己的願望相悖的改變就會不期而至。

如果業務銷售經理在平時工作中就對團隊狀況有透徹的瞭解，就能充分地利用這些突然發生的變化，完成想要的轉變，事情處理起來也會容易得多。

團隊一直都在變化，只是幅度不同而已。團隊的流動率、士氣、業績、可運用的資源以及團隊所在環境等，每時每刻都在發生變化。所謂不變，只是一種動態的平衡，而

「變化」，只是因為在你的預料之外。

每個人實際上都是移動的雷達系統。作為業務銷售經理，理應隨時感受到公司內、外的變化和變化的趨勢。出現意料之外的變化，只是因為自己這個雷達系統還不夠靈敏。如果說不能預見變化已經有失水準，就更不能允許自己在變化出現之後，妄加議論，舉措失當。

對於那些值得依賴的出色銷售人員，業務銷售經理總會在心裡祈禱這樣的狀態可以永遠持續；而對那些業績差的銷售人員，業務銷售經理恨不得立即改變這種狀態。所有的平衡都是各種不同力量維持的結果，也都是短暫的。業務銷售經理如果不能主動尋求改變，與自己的願望相悖的改變就會不期而至。

Afterword

二十年的銷售人生

很有幸從一開始就走進了業務銷售這個豐富而多變的世界。在此期間一次次結構性的思維框架改變，讓我容納和消化了這個領域裡不斷翻新的內容，從而在此刻得以和大家共同分享。在這個領域中，人人都把現狀當作最大的競爭對手。現狀不斷被人打破，不是你，就是別人。有人爭辯說：「這個領域沒那麼稀奇古怪！」那麼就在此刻，他的客戶可能正準備離他而去。市場上有太多案例在訴說著同樣的結論，看看你手上使用的通訊「玩具」在過去幾年間是如何變化的吧。

很幸運一直在中等規模且值得尊重的醫藥外資企業工作至今，讓自己能夠在專業管理體系中，有更多機會實現職位上和管理區域上的跨越，有更多角度研究建構高效團隊的關鍵要素。其間，我用了十年時間從一線銷售人員做到亞太地區總部的行銷副總監，又用近八年時間體驗了銷售與市場經理到市場與銷售總監再到總經理的角色轉變。在這個轉變過程中，我的視線始終沒有離開過一線團隊的管理。

很有幸經歷了多種產品類型的推廣。有「氣勢強大」的專利產品，也有「低調不顯」的「品牌非專利」；前者提倡「研究第一線」，後者提倡「回歸經典」；前者「占領」學術高度，自上而下，後者「滲透」市場深度，由近及遠。最高興的還是管理了多產品、多模式，以及來自多公司的產品的業務銷售團隊，有機會把多種一線管理工具糅合在一起。

很高興在多年工作中結識很多貴人，是他們用各種方式讓我留意到自己在管理中的「痛點」。這是對我「能力邊界」的提示和醒悟，也是在痛過之後才知道那是多麼珍貴的恩惠。很慶幸自己能意識到付出與索取的不同，讓我有機會傳承前輩的使命，繼續付出。

二十年的事，行業裡的事，就像發生在昨天！看看周圍，中國職業經理人團隊的迅速壯大，已是不爭的事實。同時也不難看到，一些大的外資企業，本土化進程正在加速，這是為什麼？我們的學習速度是不是夠快？我們的學習方式是不是對頭？我們對自己團隊中的經理人是不是真有信心？這些擔心正變得越來越真實。

看到那些似是而非的團隊管理概念被公司不斷「內化」，這種擔心愈加強烈。除了能使用一堆術語，業務銷售經理還應該懂得更多，做得更多：從用詞到用語，從「做了」到「做到」，從原則到動作，從過程到目標，從執行到結果，甚至從說到問等各個方面都要注意。值得擔心的不是銷售經理懂得太少，而是「太多」，更確切地說是擁堵。在概念和業績之間，有一條可長可短的隧道。

再往深一層想，我們的社會環境對職業經理人的成功是不是也應該負些責任？有多少父母願意讓自己的孩子將來做業務銷售？我們自己對銷售人的寬容度和接受度如何？我們的孩子大學畢業後學會「銷售」自己了嗎？看看他們的就業率有多低，再看看各家企業的招募需求有多迫切，這不是極大的諷刺嗎？

在城市化進程如此迅速的今天，「謝絕推銷」「無奸不商」的提醒不絕於耳，各個行業的種種醜聞也怵目驚心，這是什麼樣的商業環境？當然，我們盡可以把責任全推給監管部門。但監管部門的措施不力絕不是我們不作為或者肆意妄為的藉口。讓專業、合規的銷售人擁有話語權，讓厚道的商人賺到錢，這是我們每個人都可以有所作為的領域。

隨著本書的寫作接近尾聲，經過幾個輾轉反側的不眠之夜，我決定從一個舒適的辦公室搬出來，走到更大的、沒有屋頂的「辦公室」；決定從一線團隊入手，協助那些有抱負的企業和業務銷售經理，營造一個個健康有效的團隊微環境，讓它成為公司戰略真正合格的著陸點。

這個決定是在深知我們不缺本土職業經理人的「表率」，不缺成功學教育，也不缺花樣繁多的各種培訓的基礎上做出來的。同時我也知道，僅僅看幾眼「打工皇帝」或「銷售皇后」的花邊新聞，看看成功學的影片，參加幾場激動人心的培訓是遠遠不夠的。

我希望更多知行合一的培訓師加入我的隊伍。他們應該是直接而不討好的，在行而不張揚的，自信而不炫耀的，能說而懂得保留的。希望這樣的培訓師隊伍越大越好，人數越多越好。

Unique系列 045

可複製的銷售鐵軍
外商實戰專家教你打造最強業務團隊的 22 條帶人法則

作　　者　仲崇玉
主　　編　許訓彰
行銷經理　胡弘一
行銷主任　彭澤葳
封面設計　FE 工作室
內文排版　菩薩蠻數位文化有限公司

出 版 者　今周刊出版社股份有限公司
發 行 人　謝金河
社　　長　梁永煌
副總經理　吳幸芳

地　　址　台北市中山區南京東路一段 96 號 8 樓
電　　話　886-2-2581-6196
傳　　真　886-2-2531-6438
讀者專線　886-2-2581-6196 轉 1
劃撥帳號　19865054
戶　　名　今周刊出版社股份有限公司
網　　址　http://www.businesstoday.com.tw

總 經 銷　大和書報股份有限公司
製版印刷　緯峰印刷股份有限公司
初版一刷　2020 年 2 月
定　　價　350 元

國家圖書館出版品預行編目（CIP）資料

可複製的銷售鐵軍：外商實戰專家教你打造最強業務團隊的22條帶人法則 / 仲崇玉作. -- 初版. --
臺北市：今周刊, 2020.02
336面；14.8*21公分. -- (Unique系列；45)
ISBN 978-957-9054-52-2(平裝)

1.銷售管理

496.52　　108022674